JN087555

リスクコミュニケーションの探究

リスクコミュニケーションの探究（'23）

装丁デザイン：牧野剛士
本文デザイン：畑中　猛

s-82

まえがき

わたしたちのくらしと社会は，自然環境や科学技術，また産業経済がもたらす便益を享受して成り立っています。そこにはもれなくリスクが伴っているため，その低減が課題となってきます。いっぽう，ひとが100人いれば，リスクに対するとらえ方や情報の持ち合わせも100通りとなります。あるリスクをめぐり立場や価値観の異なる人間が関わる場合には，関係するひとびとにリスクや対応策について伝え，ひとびとがリスクについてどのように認識しどのように考えているのかを把握するためのコミュニケーションが必要です。それがリスクコミュニケーションです。

リスクコミュニケーションと呼ばれる活動が始まってからおよそ50年が経ちました。その必要性を指摘する声は近年さらに大きくなっているように思います。ただ，そういった声は何もない時にはさほどあがりません。リスクコミュニケーションが注目を浴びるのは，何かことが起こった時である場合が多いのです。東日本大震災しかり，COVID-19パンデミックしかりです。しかし，普段できないことはいざというときにもできません。リスク管理でもそうですが，リスクコミュニケーションにおいても，基本的な考え方や手法，実践例について平時から理解し，準備しておくことが大切です。

その手がかりになればと本書を著しました。本書は全体を通じてリスクコミュニケーションについての理論と実践を考えるものです。

第1章から第5章は理論編です。第1章では，リスクコミュニケーションの本質，生成の沿革や現代的意義，全体枠組を解説します。第2章では，リスクコミュニケーションの重要な決定因のひとつである，ひとびとのリスクに対する心理的な認識や判断について考えます。第3章ではリスクコミュニケーションの基本的手法を解説するとともに，信頼の重要性についておさえます。第4章では，科学知識がはらむ不定性からリスクコミュニケーションを考え，第5章ではフレーミングの多義性について検討します。

第6章から第13章は実践編です。第6章では食品，第7章と第8章では化学物質およびナノテクノロジー，第9章では原子力をめぐるリスクコミュニケーション事例を見ることで，リスク問題は科学的評価だけでは解決できない要素をいかに多く含んでいるかを考えます。第10章と第11章では自然災害と感染症を取り上げ，行動変容の喚起を主な目的としたコミュニケーションを考えます。第12章では気候変動問題からステークホルダーインボルブメントの可能性と課題を考察します。また第13章ではエマージングリスクを扱い，デジタル化をめぐるリスクとそのコミュニケーションについて考えます。

第14章，第15章は実践編を俯瞰したうえで，再び理論編として全体の総括を行います。第14章では科学的助言について，第15章では社会の多様な主体が関与するリスクガバナンスの枠組の中で，リスクコミュニケーションが果たす役割についてそれぞれ理解を深め，わたしたちがリスクに向かい合うための今後のあり方や方策を展望します。

リスクから自分たちの生命や健康，資産，ならびに環境をまもるための営みは，常に不確実性および多様な価値観・利害のもとで行われます。本書を通じて，リスク低減にむけて，対話し，共考し，協働する際の手がかりをつかんでいただければ幸いです。

2022年10月　執筆者を代表して

奈良由美子

目次

1　リスクコミュニケーションとは

奈良由美子・平川秀幸

《学習のポイント》 社会は多様な立場や価値観を有する複数の主体から成っている。あるひとつのリスクについても，それに対する考え方や有している情報の量と質は，ひとにより立場により一様ではない。リスク問題を解決する過程では，当該リスクに関係するひとびとのあいだでリスクに関する情報や意見を共有し交換しあうコミュニケーションが必要となってくる。本章では，リスクコミュニケーションとは何か，その本質，生成の背景や現代的意義および全体枠組を示す。
《キーワード》 相互作用，信頼，対話，共考，協働，欠如モデル，リスク，ハザード，リスクコミュニケーションの全体枠組

1．リスクコミュニケーションとは

（1）リスクコミュニケーション概念の本質と定義

リスクコミュニケーションの概念規定は問題領域や扱うリスクによっていくらかの多様性があるが，現在のリスクコミュニケーション概念の原点となっているのは，米国の学術会議 National Research Council（NRC）の定義である。

NRC は 1989 年の報告書 *Improving Risk Communication* において，リスクコミュニケーションの知見や理念を世界で最初に体系化し，リスクコミュニケーションを「リスクについての，個人，機関，集団間での情報や意見を交換する相互作用過程」と定義している（NRC，1989；林・関沢，1997)。そこでは，リスクコミュニケーションは民主的な対

話のプロセスであり，そのなかで扱われる内容は，リスクに関する科学的・技術的情報や専門的見解だけでなく，リスク管理のための措置・施策・制度とそれらの根拠の説明と，これに対する関係者の見解，リスクに対する個人的な意見や感情表明なども含まれるとしている。そのうえで，リスクコミュニケーションが成功したかどうかは，関係者間の理解と信頼のレベルが向上したかどうかで評価されるとする。

日本にリスクコミュニケーションの考えを最初に紹介し，その学術的および実務的発展に大きな役割を果たしてきた木下（2016）は，リスクコミュニケーションを「対象のもつリスクに関連する情報を，リスクに関係するひとびと（ステークホルダー）に対して可能な限り開示し，たがいに共考することによって，解決に導く道筋を探す思想と技術」と定義している。さらには，リスクコミュニケーションを「リスク場面において，関係者間の信頼に基づき，また信頼を醸成するためのコミュニケーション」とも述べている（木下，2008）。

上述の定義から，リスクコミュニケーション概念を構成する本質的に重要な要素として以下の点があることが分かる。第一に，リスクコミュニケーションは多様な価値観や立場の関係者（ステークホルダー）のなかで行われること。第二に，リスクコミュニケーションはリスク管理と連関して進められること。第三に，やりとりされる情報は，科学的に評価されるリスク情報だけではなく，リスクやリスク管理のあり方，リスクと引き換えに得られる便益，リスクをともなう行為や技術の利用を行う目的や意図に対する意見や感情的表明も含まれること。これと関連して第四に，とくにリスク管理措置に関するコミュニケーションでは，措置を決定した科学的根拠に加えて，決定の際に考慮した他の要因（措置の費用対効果や社会的な影響，リスクや管理措置に対するひとびとの意見や態度，法制度，倫理的問題など）も説明する責任を負っているということ。第五に，リスクコミュニケーションにおいて情報や意見は一方向だけではなく双方向にもやりとりされ共有されるということ。またこれと関連して，リスクコミュニケーションは単に相手を納得させるため・説得するためだけに行うものではなく，互いの立場や価値観に違いを認めつつ，リスクについて共に考える営みであること。そして第六に，リスクコミュニケーションは信頼が要となることである。

さらに第七の要素として，現代社会におけるリスクコミュニケーションで扱われるのは「システミック・リスク（systemic risk）」（OECD, 2003；IRGC, 2005；IRGC, 2012）だということを指摘しておく。システミック・リスクとは，社会的，財政的，経済的な帰結の文脈に埋め込まれており，リスク同士およびさまざまなその背景要因同士のあいだでますます相互依存性が高まっているようなリスクのことである。システミック・リスクを扱うには，単独のリスクとその因果関係だけを考えるのではなく，社会的な要因・影響まで含めた包括的な観点からの分析と，政府，産業界，学界，市民社会にまたがる包摂的（inclusive）なガバナンスが求められ，リスクコミュニケーションもこの視座のもとで進められなければならない。

以上の整理をふまえ，本書では以下の定義によりリスクコミュニケーションをとらえることとする。すなわちリスクコミュニケーションとは，「社会の各層が対話・共考・協働を通じて，リスクと便益，それらのガバナンスのあり方に関する多様な情報及び見方の共有ならびに信頼の醸成を図る活動」のことである。なお，この定義のなかでは，リスク評価，リスク管理を含む包括的な意味で「ガバナンス」という用語を用いている（ガバナンス概念については第15章で詳述する）。

（2）リスクコミュニケーションの沿革

リスクコミュニケーションという概念が明示的に研究され，また実務に導入されたのはそれほど古いことではない。W. ルイス（Leiss, 1996）は，リスクコミュニケーションを「専門家，政策担当者，利害関係団体，そして一般市民とのあいだでのリスクに関する情報および評価や判断についてのやりとり」と定義したうえで，リスクコミュニケーションという言葉自体はアメリカにおいて1970年代半ばに誕生し，その後，三つの段階を経ながら発展してきたと述べている。

当初は，企業や行政がリスクを分析し，その科学的データやリスクと便益の比較結果などを市民に開示・説明することが主な内容であった（第一段階：1975～1984年：リスクデータ開示の時代）。また，専門家たちが小さいと判断するリスクであっても市民がリスクおよびその説明すらも受け入れないことも多く，それはなぜなのかを明らかにするリスク認知研究がこのころからさかんに行われるようになった。

リスク認知研究の知見も援用しながら，情報を受ける側，つまり一般のひとびとの考えやニーズを理解しようとする視点から，リスクコミュニケーションが展開していく。受け手の求める情報を提供することと信頼を得ることが重視され，メッセージの工夫によるリスク情報の分かりやすい説明が試みられた（第二段階：1984～1994年：受け手ニーズと信頼の時代）。

さらには，説明するだけではなく相手の意見や考えを聞きながら合意をめざすコミュニケーションが重視されるようになる（第三段階：1995年以降：相互作用プロセスの時代）。リスクをめぐる関係者の意見交換をその内容として，リスクコミュニケーションは現在に至っている。

わが国でリスクコミュニケーションという概念ならびに言葉を用いて研究が始まったのは1980年代後半のことで，社会心理学さらにはリスク学の分野において研究発表が行われるようになった。1990年代に入ると，リスクコミュニケーションの学術書（吉川，1999など）や，先述のNRCの翻訳書（林・関沢，1997）が出版される。この頃は，原子力業界や食品安全に関する分野がリスクコミュニケーションの実務の主なフィールドであった。

続く2000年代に入ったわが国では，リスクコミュニケーションはさらなる広がりを見せる。その背景や要因について木下（2016）は，物質的なものへの充足に代わり，安全や安心を含めた精神的価値への欲求が強くなったこと等が関連しており，さらには，第2期科学技術基本計画（平成13～17年度）がその理念のひとつに「安心・安全で質の高い生活のできる国の実現」を掲げたこともあり，安全と安心につながるリスク概念への関心の高まりの影響も大きかったと見ている。またリスクに対する不安や，リスク管理を行う行政や企業に対する信頼を大きく揺るがすような出来事や事件が発生したことも影響していると考えられる。例えば1995年の阪神淡路大震災，同年の高速増殖炉もんじゅのナトリウム漏洩事故や1999年のJCO臨界事故などの原子力関連事故，食品安全分野でも2001年の国内牛でのBSE（牛海綿状脳症）発生，輸入野菜の無認可農薬の残留事件，大手食品会社による偽装表示などがあった。こうした背景から，リスク概念への関心の広がりは学問だけではなく，政策や実務にも及んだ。国内BSE発生をきっかけに食品安全基本法が施行（2003年）されたことにともない，内閣府に食品安全委員会が新設され，リスクコミュニケーションの専門調査会が設置されたことはその典型である。また，地方自治体や企業もリスクマネジメントとあわせリスクコミュニケーションを取り入れはじめ，その領域も原子力，食品，環境，防災，防犯，消費生活用製品などさまざまな分野の問題に及ぶこととなる。

さらに，わが国においてリスクコミュニケーションがいっそうの注目を浴びるきっかけとなったのが2011年の東日本大震災である。東日本大震災では，大規模な自然災害ならびに原子力発電所のリスクに関して，科学技術の専門家が社会に対して科学技術の限界や不確実性を含めた科学的知見を適切に提供してきたのか，また，行政は社会に対して適時的確な情報を発信してきたのか，さらには，行政や専門家はリスクに関する社会との対話を進めてきたのか等が問われることとなった。このように，安全を阻害する出来事が後を絶たないなか，社会に存在するリスクとどのように向き合っていくのかを考えるうえで，リスクコミュニケーションの必要性が高まってきたのである。

2. リスクコミュニケーションの意義

（1）欠如モデル

リスクコミュニケーションは，しばしばいわゆる専門家とそうでないひと（非専門家）とのあいだで行われる。非専門家の立場をとるのは，一般市民，住民，生活者，消費者，患者といったひとたちであることが多い。

従来の二者の関係性のなかで，専門家はともすれば次のように考えがちである。一般のひとびとはリスクさらにはリスク管理について専門的内容を理解しておらず，それらに対して感情的で主観的なとらえ方をする。それが適切なレベルでのリスク受容やリスク対処行動を阻んだり，不安を引き起こしたりしている。したがって，正しい知識を分かりやすく伝え理解してもらえば，抵抗や不安は解消される，との考え方である。このような，一般のひとびとには知識が欠けている，そこで専門家が補ってあげなくてはならないとする考え方を欠如モデル（deficit model）と言う。

こういった見方があてはまることはもちろん多い。よく知らなかったり誤って理解していたりするために，不安になったりとるべき行動をとらないということは多々あり，そのような場合は，欠如モデルにしたがい，正しい知識を分かりやすく伝えることが重要になる。

いっぽう，リスクコミュニケーションの場面でしばしば見られる，行政や専門家と一般のひとびととの対立は，知識の不足だけが原因ではない。たとえ知識があっても不安が払拭されなかったり，専門家が期待するような行動変容をとらなかったりすることもある。それはなぜかを考えることが重要である。

それは，行政の施策やその決め方に対して不満があるからかもしれないし，行政や専門家に対する不信があるからかもしれない。リスクについて理解しても，行動に移すために必要な資源を持ち合わせていないのかもしれない。そのリスクを解決する手段をとることで，あらたな別のリスクが発生することになり，そちらのほうがそのひとにとっては深刻なのかもしれない。そもそも，ひとびとが知りたいのは，リスクについての科学的説明ではなく，もっと別のことかもしれない。あるいはひとびとは，自分たちに影響する政策には自分たちの声も反映して欲しいと求めているのかもしれない。このような場合には，欠如モデルにもとづくコミュニケーションは役に立たないどころか，かえってひとびとの不満や不信を増幅する可能性すらある。

（2）当事者の関与とリスクコミュニケーションの目的

リスクの問題には，何を犠牲とし何を得るか，個人や集団，社会の選択が関わっている。その根本には，ひとびとが何を望み何を望まないか，どんな社会にどんなふうに生きたいかという価値判断がある。専門家や行政は，ひとびとの価値観を含めた意見に真摯に耳を傾けなければならないし，そのような場や機会を設定する必要がある。

リスクコミュニケーションのあり方に関する国際的な動向として，欠如モデルに依拠したスタイル（公衆の科学理解：Public Understanding of Science = PUS）ということばかりであったものから，対話や協働，政策決定への市民参加など，双方向的・相互作用的な「科学技術への市民関与（Public Engagement with Science and Technology）」が重視されるようになっている。

英国では1990年代半ばにBSE（牛海綿状脳症）問題により政府と科学に対する国民の信頼が失墜し，続くGM作物論争を経て，市民関与へと大きく方向転換を行った。英国以外でも，例えば米国科学振興協会（AAAS）が Center for Public Engagement with Science & Technologyを設立し，科学者・技術者が市民との対話を行うことを支援している。また，わが国においても，科学技術基本計画が第三期，第四期，第五期へと展開するなかで，理解増進だけでなく，双方向的な科学技術コミュニケーションの普及が図られてきている。

このような動向には，市民参画（Public Involvement）や関係者の参画（Stakeholder Involvement）という共通の考え方がある。市民参画または関係者の参画とは，市民を含む多様な関係者が情報を共有し，意見を出し合い，それを公共政策や計画の立案に反映させながら共同決定してゆくプロセスのことである。合意形成の手法として，例えば道路建設等にかかるまちづくりや，原子力発電所の再稼働や廃炉等の問題解決において用いられる。そのプロセスにあっては，コミュニケーションを通じて道路建設や廃炉の進め方を共同決定していくことになる。

ここで，リスクコミュニケーションの目的を提示しておこう。国際リスクガバナンス・カウンシル(International Risk Governance Council：IRGC）によると，①リスクとその対処法に関する教育・啓発，②リスクに関する訓練と行動変容の喚起，③リスク評価・リスク管理機関等に対する信頼の醸成，④リスクに関わる意思決定への利害関係者や公衆の参加と紛争解決，の四つが目的とされている。ここからも，情報提供者が上手にリスクについて伝えることや，こちらが期待する方向に相手の理解を得ることは，リスクコミュニケーションのごく一部でしかないことが分かる。

3. リスクとは

（1）リスク概念

ここでリスク概念についておさえておく。リスク概念に関しては個人や専門分野によって理解の方向性や力点が異なり，これを一義的に規定することは容易ではない。ただ，リスク研究を行うさまざまな分野の定義を概観すると，リスクの定義には大きく三つの与え方があると言える（木下，2006）。それは，①リスクの発生の確率としての可能性に力点をおく定義，②発生の確率だけではなく，リスクによって引き起こされる結果の大きさとしての可能性にも力点をおく定義，③価値中立的な定義である。

本書においては上記のうち②の立場をとり，リスクを人間の生命や健康・財産ならびにその環境に望ましくない結果をもたらす可能性のことと定義しておきたい。このときリスクの大きさは，望ましくない事象の起こりやすさと，その結果生じた損害の大きさとの組み合わせで把握されることになる。

（2）リスクとハザード

「リスク（risk）」は日本語では危険（危険性，危険度）と訳される。いっぽう「危険」という日本語には，リスクだけでなく，ハザード

(hazard)，ペリル（peril），という英語も対応しており，これらはその意味が少しずつ違う。

リスクはすでに述べたとおり，望ましくない結果をもたらす可能性（蓋然性）である。そしてハザードは，望ましくない結果を起こす，あるいはその影響を拡大する物質，活動や技術などの危険の要因となるもので，危険因あるいは危険事情を指している。ペリルは，望ましくない結果を引き起こす引きがねすなわち直接的原因となるもので，危険事故としてとらえられる。例えば食中毒のリスクについては，腐敗した食品がハザード，その過剰摂取がペリル，それにより健康被害というダメージが生じる可能性がリスクである。

このように，リスクとハザード，ペリル，ダメージはそれぞれ別の概念であるのだが，これらの意味のとり違い，とりわけリスクとハザードが区別されずに扱われることがしばしば起こる。ハザードとリスクの混同の例としては次のようなことがあてはまる。食品添加物や医薬品等の化学物質による健康被害を考えたとき，通常，低容量では化学物質の反応は現れない。しかし，容量を増やしてゆくと反応が現れる。化学物質のリスク（あるひとの健康が阻害される可能性）は，その化学物質の物質としての毒性の強さだけでなく，摂取量によって決まるのである。にもかかわらず，ハザードそのものをして「リスクが大きい」ととらえられることが生じる。

リスクの理解と管理においては，リスクとハザードという二つの概念を区別することが求められる。リスクコミュニケーションにおいても，ハザード情報（「○○は危険である」）とリスク情報（「○○はどの程度危害を生じる可能性があるのか」）とを混同して発信していないか，あるいは相手は混同して受け取っていないかに注意が必要である。

4. リスクコミュニケーションの全体枠組

リスクコミュニケーションを行うにあたっては，自分が今から行う（今行っている）リスクコミュニケーションの全体枠組を常に念頭に置くことが必要となる。リスクコミュニケーションの全体枠組を整理するための主な項目としては，ハザード種別，関与者，時間・空間・社会スケール，フェイズ（時期・段階），目的・機能などがある（参考：科学コミュニケーションセンター，2014)。以下にそれぞれについて説明する。

（1）ハザード種別

ハザードの種別は，「自然災害・疾病」と「科学技術」という二つのカテゴリーに大別される。さらに科学技術は「従来科学技術」「先端科学技術」「萌芽的科学技術」という三つのサブカテゴリーに分けられる。

「自然災害・疾病」と「科学技術」のカテゴリーを分けるのは「自然的か人為的か」の区別である。自然災害や疾病は，基本的には自然的な原因（感染症であればウィルスなど）による。いっぽう科学技術の利用にともなう事故・災害は，根本的にはひとが生み出した技術的なプロセスやプロダクトの仕様や性能，利用の仕方などに起因するという意味で人為的である。

ただし，この人為的／自然的という区別は白黒はっきりしたものではない。科学技術と経済・産業活動の発展を通じて人間が自然界に及ぼす影響力が飛躍的に増大した結果として生じている「人為起源の地球温暖化による気候変動」のように「人為的な自然災害」もある。地震のように人為を超えた自然現象による災害も，建造物の崩壊による被害のように人為的要因が災害の規模を増大させている。2011 年の東日本大震災にともなって発生した東京電力株式会社福島第一原子力発電所の事故のように，自然災害が引き金となって発生する技術的事故もある。この意味で自然的／人為的という区別は，自然災害・疾病と科学技術それぞれのカテゴリーの内部にも程度の差（グラディエーション）として存在している。

このような要因の複合性を前提にしつつも，自然と人為という区別をリスク問題の分類基準とするのは，とくに人為という概念が「行為者性（行為主体性）」，さらには行為やその結果に対する「責任」という概念と深く結びついているからである。責任の概念は，事故や災害では常に問われるものであり，ひとびとのリスク認知も左右する。ある問題において，どのような人為的要因がどの程度関与しているかを的確に把握することは，リスクコミュニケーションを行ううえで不可欠だと言える。

次に「従来科学技術」「先端科学技術」「萌芽的科学技術」というサブカテゴリーについて，従来科学技術はすでに実用化されて久しく経過している技術であり，リスクに関してもよく知られ，規制・管理の方法も定まっているものが多い。ただし予想外の原因やヒューマンエラー等による事故は起こりうる。これに対して先端科学技術は，実用化間近か，実用化からそれほど時間が経っていないもので，将来，どのような製品やサービス，技術システムへの応用の可能性があるのか，それがどのような正負のインパクトを社会にもたらすのか，まだ十分には分かっていない段階にあるものとなる。萌芽的科学技術は，まだ実用化以前の研究開発段階にあるものであり，応用可能性やインパクトについては，いっそう未知のことが多い。

（2）関与者（ステークホルダー，アクター）

コミュニケーションに関係・関与する関与者は，大きく「市民」「行政」「専門家」「事業者」「メディア」の五つのカテゴリーに分けられる。

それぞれの内訳の例は以下のとおりとなる。市民：一般市民，当事者，NPO/NGO など。行政：国，自治体（都道府県・市町村）。専門家：個人，組織（学協会，研究・教育機関，医療機関など），チーム（研究グループ，審議会など）。事業者：農業等生産者，製造業者，流通業者，電力・ガス会社，金融・保険会社，広告業者，通信業者，交通機関，小売店，飲食店，業界団体など。メディア：組織（報道機関など），フリージャーナリスト，インターネット発信者，博物館・科学館など。

（3）時間・空間・社会スケール

時間的・空間的・社会的スケールに関しては，問題（有害事象）が発生する「原因」が分布する時間的範囲・空間的範囲・社会的単位，有害事象の「影響」の及ぶ時間的範囲・空間的範囲・社会的単位，問題への「対応」のための行動を起こすことが求められる時間的範囲・空間的範囲・社会的単位が，それぞれどの範囲かを把握する。時間的範囲では，それは一時的／短期か，中期か，長期的／恒常的かの区別がある。また，空間的範囲としては，地域か，広域／国か，国際・地球規模まで広がるのかが異なる。社会単位については，個人・単一組織か，少数の個人・組織か，多数／集合的かが区別されることとなる。

（4）フェイズ

次に問題の発生や対応の「フェイズ（時期・段階）」には，大きく分けて「危機発生」に関するものと「イノベーション過程」に関するものがある。そして，それぞれのフェイズごとにとるべきコミュニケーションの様式（モード）が異なる。

そこでまずはコミュニケーションの様式の分類について以下に簡単に

示しておく。Lundgren & McMakin（2018）は，コミュニケーションの様式を「ケア・コミュニケーション」「コンセンサス・コミュニケーション」「クライシス・コミュニケーション」に分類している。ケア・コミュニケーションはリスクとその管理方法について，聞き手のほとんどから受け入れられている科学的研究によって，すでによく定められているリスクに関するもので，トップダウン的，一方向的な情報の流れとなる。コンセンサス・コミュニケーションは，リスク管理の仕方に関する意思決定に向けて共に働くよう集団に知識を提供し鼓舞するためのもので，やりとりは，それを通じて関与者の態度・選好・意見が互いに変わりうることが期待されるという意味で「相互作用的」となる。クライシス・コミュニケーションは極度で突発的な危険に直面した際のものであり，緊急事態が発生している最中またはその後に行われる。やりとりはトップダウン的で一方向的である。

さて，「危機発生」の場合は，フェイズは，危機が生じていない「平常時」，危機が生じた直後の「非常時（緊急時）」，危機発生からある程度経過して，状況回復がはかられる「回復期」に分けられる。コミュニケーションの様式としては，いずれのフェイズでも知識・情報の提供を中心とするケア・コミュニケーションを基本としつつ，平常時や回復期には対話・共考・協働のためのコンセンサス・コミュニケーションが，非常時には差し迫った危機に対処するためのクライシス・コミュニケーションが重視される。

他方，「イノベーション過程」のフェイズは，「研究開発初期」「研究開発末期～実用化」「実用化以降」に分類できる。コミュニケーションの様式としては，科学技術の知識・情報提供を主とするケア・コミュニケーションを基調としつつ，対話・共考・協働のためのコンセンサス・コミュニケーションが重要である。とくに「研究開発初期」から「研究開発末期～実用化」の段階では，研究開発の成果が将来どのように利用され，リスクと便益の両方を含めて，どのようなインパクトを社会にもたらすのかを探り，負のインパクトに対してはどのように対処すべきかを検討することが求められる。

（5）目的・機能

リスクコミュニケーションを行う目的あるいは機能にはさまざまなものがある。IRGC の示す目的についてはすでに述べたとおりである。これに併せて，文部科学省の「リスクコミュニケーションの推進方策に関する検討作業部会」の報告書（文部科学省，2014）も参考にし，ここでは以下の六つを目的・機能の類型として挙げておく。

①リスクおよびその対処法に関する教育・啓発。

②リスクに関する訓練と行動変容の喚起。

③信頼と相互理解の醸成：関係者（政府・自治体・事業者・専門家・市民・NPO/NGO など当該のリスク問題に関わりのある個人・組織・団体）の間で互いの信頼や理解を醸成する。

④問題発見と議題構築，論点の可視化：意見の交換や各自の熟慮を通じて，主題となっている事柄に関して，何が問題で，何を社会として広く議論し考えるべきか，重要な論点とは何か，その問題に対するひとびとの懸念や期待はどのようなものであるかを明確化する。

⑤意思決定・合意形成・問題解決の促進：最終的な意思決定・合意形成や問題解決に向けて対話・共考・協働を行う。科学的・技術的な事実問題や法制度等に関する議論だけでなく，関係者間の多様な価値観や利害関心についての議論も含む。

⑥被害の回復と未来に向けた和解：物理的のみならず社会的・精神的な被害からの回復を促すとともに，問題発生から現在に至る経緯を振り

返りつつ，関係者間の対立やわだかまりを解きほぐし，和解を進める。

リスクコミュニケーションは，これまでに述べたような項目をふまえて，自らが実践するリスクコミュニケーションの全体枠組を把握することから始まる。すなわち，「何について」，「誰に（誰と）」，「いつ」，「どこで」，「何のために」行うのかの理解である。そのうえで「どのように」行うのかを具体化していくこととなる。

参考文献

科学コミュニケーションセンター（2014）『リスクコミュニケーション事例調査報告書』，（独）科学技術振興機構・科学コミュニケーションセンター.
吉川肇子（1999）『リスク・コミュニケーション―相互理解とよりよい意思決定をめざして』福村出版
木下冨雄（2006）「不確実性・不安そしてリスク」日本リスク研究学会編『リスク学事典（増補改訂版）』阪急コミュニケーションズ
木下冨雄（2008）「リスク・コミュニケーション再考―統合的リスク・コミュニケーションの構築に向けて（1）」，日本リスク研究学会誌，Vol.18，No.2，pp.3-22.
木下冨雄（2016）『リスク・コミュニケーションの思想と技術―共考と信頼の技法』ナカニシヤ出版
奈良由美子（2017）『改訂版　生活リスクマネジメント―安全・安心を実現する主体として―』放送大学教育振興会
平川秀幸・土田昭司・土屋智子著（2011）『リスクコミュニケーション論』大阪大学出版会
文部科学省（2014）『リスクコミュニケーションの推進方策』，文部科学省　科学技術・学術審議会　研究計画・評価分科会　安全・安心科学技術及び社会連携委員会.

IRGC（2005）*Risk Governance：Towards an integrative approach*, IRGC White Paper No 1, International Risk Governance Council（IRGC）.

IRGC（2012）"An introduction to the IRGC Risk Governance Framework," International Risk Governance Council（IRGC）.

Leiss, William（1996）"Three Phases in Risk Communication Practice," Annals of the American Academy of Political and Social Science, 545, Special Issue, H. Kunreuther and P. Slovic（eds.）：*Challenges in Risk Assessment and Risk Management*：pp.85–94.

Lundgren, Regina E. and McMakin, Andrea H.（2018）*Risk Communication：A Handbook for Communicating Environmental, Safety, and Health Risks*, 6th edition, Wiley.

National Research Council（1989）*Improving Risk Communication*, Washington, DC：The National Academies Press. 邦訳：林裕造・関沢純（訳）（1997）『リスクコミュニケーション：前進への提言』化学工業日報社

OECD（2003）*Emerging Systemic Risks. Final Report to the OECD Futures Project*, OECD.

2 リスク認知とリスクコミュニケーション

奈良由美子

《学習のポイント》 リスクコミュニケーションを実際に行ううえでは，これに関わるさまざまな要素を考慮しなくてはならない。本章では，リスクコミュニケーションの重要な決定因のひとつである，ひとびとのリスクに対する心理的な認識や判断について考える。リスク認知とバイアス，ヒューリスティックについて解説し，リスク認知における感情の関与を示しながら，リスクコミュニケーションの意義をあらためて確認したい。
《キーワード》 ステークホルダー，主観リスク，客観リスク，リスク認知バイアス，ヒューリスティック，感情，リスク特性

---

1. リスクコミュニケーションに関わる要因としてのリスク認知

(1) リスクコミュニケーションの決定因

木下（2009）は，リスクコミュニケーションのプロセス全体をとらえることの重要性に鑑み，リスクコミュニケーションをひとつのシステムとしてとらえ，これが効果的であるためにはどのような要素が決定因として存在するかを考察しなければならないと述べている。このとき，リスクコミュニケーションに関わる要因としては，①リスクの種類と性質に関する要因（問題のポイントを明確に），②送り手側の要因（己を知る），③受け手側の要因（相手を知る），④両者間で交わされるコンテンツの要因（何をどう伝えるか），⑤両者間をつなぐメディアの要因（ど

の媒体を使うか)，⑥リスクコミュニケーションが実施される場と運営法の要因（話し合いの場をどう作るか)，⑦これらの背後にある社会的・歴史的な要因（バックグラウンドへの配慮）などがあげられている（表２-１)。

(２) リスクコミュニケーションに関わる要因としてのリスク認知

これらの要因はいずれも重要であり，次章で述べるリスクコミュニケーションの一連のプロセスにおいて考慮されることになる。また，第４章以降で扱う具体的なリスク問題に関わるコミュニケーション実践のなかでも，各々に検討されている。

そのなかでもひとの心理的な特性やそれによるリスクのとらえられ方は，リスクコミュニケーションの決定因として慎重に検討されなければならない。これは表２-１でいうと，リスクの性質に関する要因，また受け手側の要因に位置付くものである。

リスクコミュニケーションはリスクに関するコミュニケーションであるから，リスクの性質としてその特性や定量的な大きさ等がどうであるかが明らかにされる必要がある。さらには，客観的なリスクだけでなく，それを受け取るステークホルダーのリスク認知についてもじゅうぶんな知識が必要となる。相手が何を望んでいるのか，何に不安を感じているのかといった欲求・感情構造を明らかにすることは，効果的なリスクコミュニケーションの大前提となる（木下，2009)。

本章では以下に，リスクコミュニケーションの要因のひとつであるリスク認知について詳述し，ひとびとの心理的な特性を考慮することの重要性を確認してゆく。

表2-1 リスクコミュニケーションに関わる要因

要因カテゴリー	個別的要因	
① リスクの種類と性質（問題のポイントを明確に）	リスクの種類	・自然科学的リスク（物理的・化学的・生物的） ・社会科学的リスク（社会的・経済的・政治的） ・人文科学的リスク（文化的・心理的） ・個別リスクと複合リスク
	リスクの性質	・エンドポイントは何か ・リスクの特性（時間・空間的広がり，深刻性，未知性，人為性，不透明性，統制可能性など） ・客観的リスクと主観的リスク ・リスクの測定と評価（客観的・主観的） ・リスクの許容水準（客観的・主観的） ・リスクへの対応法と低減法
	リスクの関係構造	・リスクとベネフィットのトレードオフ ・リスクとコストのトレードオフ ・リスク相互のトレードオフ ・リスクのデフォルト値
② 送り手（己を知る）	送り手の種類	・リスク発生にかかわる組織，それ以外の利害関係者，第三者組織 ・行政，企業，市民団体，専門家，マスコミ，その他
	送り手の実行可能性	・リスクにどこまで対応できるか（権限と責任）
	送り手の信頼性	・送り手の専門能力，公正さ
	送り手の編成	・個人かチームか
	送り手のパーソナリティ	・人柄，ことに誠実性，温かさ，社会的かしこさ
	送り手のコミュニケーション能力	・話し上手，聞き上手，論理力，共感能力，討論能力
③ 受け手（相手を知る）	受け手の種類	・不特定多数，利害関係者，特定イデオロギー集団 ・地域住民，広域居住者 ・組織集団，準組織集団，個人の集合体
	受け手のデモグラフィック属性	・性別，年齢，学歴，職業，地域，所属集団，居住年数
	受け手の社会的結束力	・地縁関係，ネットワーク構造，関係資本 ・政治的対立構造 ・社会規範，地域風土
	受け手の心理的特性	・リスクについての知識，リテラシー ・思考様式，リスクへの構え（SRA） ・価値観，ニーズ
④ コンテンツ（何をどう伝えるか）	内容の諸側面	・対象の持つ技術的側面 ・対象の持つ社会・経済的側面 ・対応における民主的，手続的側面 ・対応における市民への感情に配慮する側面

④　コンテンツ（何をどう伝えるか）	内容の光と陰	・リスクとベネフィット ・リスクへの対応法，低減法，コスト
	内容の表現技術	・平易な表現，わかりやすさ ・正確さ，論理一貫性 ・要点の絞込み ・受け手の思考様式に則した論理展開 ・言語的表現と非言語的表現 ・信頼性と共感性の伝達
	展開の技術	・時間的展開，順序効果 ・空間的展開，レイアウト効果
⑤　メディア（どの媒体を使うか）	音声的媒体	・口頭説明，対話，ラジオ，有線
	文書的媒体	・書物，雑誌，パンフ，説明書，新聞
	視覚的媒体	・テレビ，ビデオ，DVD，パワーポイント，映画 ・顔の表情，身体的身振り，服装
	電子的媒体	・インターネット，SNS，ブログ，検索システム
	メディアミックス	・効果的配分，相乗効果
⑥　場のセッティングと運営方式（話し合いの場をどう作るか）	主催者と司会者	・リスク発生にかかわる組織，利害関係者，第三者組織 ・行政，企業，市民団体，専門家，マスコミ，その他
	会場の設営	・私的な場所，公的な場所 ・アクセスの便利さ ・会場のサイズ ・段差をつけるかフラットか ・テーブル，椅子の配置 ・湯茶のサービス ・設営時間帯と持ち時間
	運営方式	・講演会，シンポ，ワークショップ，市民集会，地域懇談会，個別訪問，説明会，座談会，プレスリリース ・自由参加，資格制限 ・公開，非公開 ・マスコミ取材の有無 ・説明会スタイル，討議スタイル，団交スタイル，共考スタイル ・単発，継続
⑦　社会的・歴史的背景（バックグラウンドへの配慮）	社会的（地域的）背景	・地理的位置，地政的構造 ・社会形態（大都市，中小都市，農村） ・人口，密度，流動性 ・産業構造，経済的な豊かさ
	歴史的背景	・時代の風潮 ・歴史的伝統 ・過去の災害経験

出所：木下冨雄（2009），「リスク・コミュニケーション再考―統合的リスク・コミュニケーションの構築に向けて（３）」，日本リスク研究学会誌，Vol.19，No.３，pp.９-10.

2. リスク認知とは

（1）リスクとリスク認知

リスクとは，人間の生命や健康・財産ならびにその環境に望ましくない結果をもたらす可能性であり，有害事象を発生させる客観的な確率と，発生した損失や傷害の客観的な大きさとの組み合わせとして表現される。いっぽうリスク認知は，望ましくない結果をもたらす可能性についての，ひとによる主観的な判断のことを言う。前者の有害事象の客観的な生起確率とその影響の客観的な大きさによって把握されるリスクのことを客観リスク，そして，後者の心理的に認知されたリスクのことを主観リスクと言う。

客観リスクに関して，その大きさは，関連するデータを用い，科学的根拠に基づいて評価される（ただし，データが変動したりミスが入り込んだりする可能性はある）。いっぽう，主観リスクに関しては，ひとびとが恐れたり危ないと感じたりするものであり，個人の属性や心理特性やおかれている状況等により多様となりやすい。

このように客観リスクと主観リスクとは異なるものであり，しばしば両者のあいだにはギャップ（パーセプション・ギャップ）が生じる。パーセプション・ギャップが大きいものとしてよく知られている例をあげると，まず主観リスクのほうが顕著に大きいものとしては，遺伝子組み換え食品，食品添加物，抗生物質の服用などがある。逆に客観リスクのほうが顕著に大きいものには，飲酒，自動車の運転などがあげられる。

主観リスクと客観リスクとのあいだにギャップが生じる原因としては，リスクという確率的で不確実性を含んだ概念を認識することは，ひとびとにとってそもそも難しいということがある。さらに，人間の認知能力の制約がこれに関わってくる。このような制約のあるなか，リスクの判断にはヒューリスティックという方略が用いられることが多く，それがリスク認知のバイアスの原因となってゆく。

ヒューリスティックについては次節で述べるとして，ここではまず，認知バイアスにどのようなものがあるのかを見ておこう。

（2）さまざまな認知バイアス

心理学の分野では，数多くの認知バイアスが指摘されている。ここでは，とくにリスクについての判断に影響を及ぼすいくつかのバイアスを示す。リスク認知の過程にともなうバイアスとしては，例えば正常性バイアス，楽観主義バイアス，ベテラン・バイアス，バージン・バイアス，同調性バイアスなどが指摘されている（広瀬 1993）。

①正常性バイアス

正常性バイアスは，ある範囲内では認知された異常性をなるべく正常な状態で見ようとする心理的なメカニズムである。異常事態であっても，「こんなはずはない」，「これは正常なのだ」と自分を抑制し，その異常性を減殺して正常な範囲内のこととしてとらえてしまうのである。これは，リスクの過小評価につながる。正常性バイアスが働く具体的な場面としては，例えば自然災害に対する認知がある。津波や地震などの発生に対して警報や住民への避難情報が出されても，正常性バイアスが働いて，警報を無視したり，避難をしなかったり遅らせたりすることにつながる可能性がある。

ただし，正常性バイアスはそれ自体が悪いわけではない。正常性バイアスの実質的役割は，リスク情報を無視することによって心理的な安定を保とうとする自我防衛にある。人間が日々の生活をおくるなかで生じるさまざまな変化や新しい事態に対して，日常性を円滑に保護するためには，心が過剰に反応したり疲弊したりしないように抑制することはむしろ必要であろう。しかし，時として，あるいは度が過ぎると，このバイアスが良くない結果をもたらすということである。

②楽観主義バイアス

楽観主義バイアスは，自分のまわりで起こる事象を自分に都合の良いようにゆがめて認知する心理的なプロセスである。人間にとって危険性を意識することは，それ自体が心理的ストレスになる。そこで，異常事態であっても明るい側面から楽観的に見ることによって心理的ストレスを軽減しようと無意識に作用する。これは，リスクの過小評価をもたらす。このバイアスの影響による具体例としては，「１本くらいならがんにはならない」と思いながら毎日タバコを吸う喫煙者の行動があげられる。

③ベテラン・バイアスとバージン・バイアス

ベテラン・バイアスは，経験しているがゆえにリスクをゆがめて見てしまうことを言う。個人の過去の豊富なリスク経験がかえって新しいリスク事象についての判断に影響を及ぼし，リスクを過大に，あるいは過小に評価することにつながることがある。いっぽう，バージン・バイアス，すなわち未経験であるがゆえにリスクをゆがめて見てしまう場合も起こりうる。個人がリスク事象に未経験であると，情報を解釈するための手がかりが乏しくなり，正しい判断を難しくするのである。

④同調性バイアス

同調性バイアスとは，周囲のひとに同調してリスクを認知するバイアスのことを意味する。あるリスクについて，まわりのひとが強く認知していると自分もそうなるし，逆にそれほど深刻にとらえていないと自分もそうなるということである。

これらの他にも，カタストロフィー・バイアス（きわめて稀にしか起こらないけれども，非常に大きな破滅的な被害をもたらすおそれのあるリスクについてゆがめて見ることで，これを過大視する傾向），確証バイアス（自分の信念や仮説にあう情報は受け入れやすいが，あわない情報は受け入れにくく，前者によって当初の自分の信念や仮説をさらに補強してゆく傾向），後知恵バイアス（ことが起こった後に「やはりそうなると思っていた」と，過去の事象をあたかも予測可能であったかのように見る傾向）等により，リスクに対するひとの判断は影響を受けている。

上述してきたようなバイアスが生じるのは，一般のひとびとの情報処理の方法に由来する。わたしたちが日常生活をおくるうえでしばしば用いるのが，ヒューリスティックという方法である。ヒューリスティックの使用によって生まれている認識上の偏りが認知バイアスとなる。次節では，とくにリスク認知に影響を与えるヒューリスティックについて，その特性や種類について見てゆく。

3. ヒューリスティックとリスクの認知

（1）認知能力の制約とヒューリスティック

ヒューリスティックとは，不確かな状況下で判断や決定を行う際に用いる，簡便で直観的な方略のことを言う。リスクについての判断や決定は不確かな状況下で行われるが，状況の持ちうる多様性すべてについて必要な情報を集め分析し検討しようとすると，それには大きな認知コストがかかってしまう。そこで認知コストを小さくするために，ひとはヒューリスティックを用いて，手っ取り早くおおまかに判断するのである。

認知コストをおさえて短時間に判断できるという点で，ヒューリスティックは効率的である。そのため，リスクについての判断を含め，日常生活のなかでの判断過程でしばしば用いられている。しかし，ヒューリスティックを用いた判断や決定が必ずしも正確であるとは限らない。以下に示すいくつかのヒューリスティックのように，認知バイアスの原因となるものもある（Kahneman et al., 1982；楠見，2001）。

（2）ヒューリスティックの種類

①利用可能性ヒューリスティック

利用可能性ヒューリスティックとは，ある事象の生起確率を該当する事例の利用しやすさに基づいて判断する直観的方略のことを言う。つまり，ひとは利用しやすい情報を重視してリスクを判断するということである。しかし，利用しやすさは現実の生起確率には必ずしも対応しない。目立ちやすく選択的に記憶されやすい事象は，その生起確率が大きく評価される傾向がある。

例えば，最近起きた事故や，近所や友人など身近なひとに起こったリスク事例は記憶されやすく過大視されやすい。また，たとえ現出頻度は小さくても，そのイメージが鮮明に思い浮かぶような事象や，マスコミなどでさかんに報道されている事象についても同様となる。例えば，航空機事故はめったに起こらないが，発生すると多くの死傷者が出てマスコミの報道量が多く記憶に残りやすくなり，過大評価につながる。このように，利用可能性ヒューリスティックは，記憶や想像のしやすさによるバイアスをもたらす。

②代表性ヒューリスティック

代表性ヒューリスティックとは，ある事象が特定のカテゴリーに所属する確率を，見かけ上その事象がカテゴリーをよく代表しているかどうかに基づいて判断する直観的方略のことを言う。人間は，あらゆるリスク事象を知ることも記憶することもできず，限られた事例を用いて全体を判断しようとする。そのときに，その事例（標本）が，そのリスク事象全体（母集団）を代表していると思うほど，起こりやすいと感じる。

③係留と調整ヒューリスティック

係留と調整ヒューリスティックは，ものごとを判断するとき，先行して与えられた情報や最初に頭に浮かんだ情報を基準（係留点）にして，それに新しい情報を加えながら判断の調整を行い，最終的な結論をくだす直観的方略のことである。この方略を用いる際に調整は一般に不十分で，初期の情報や考えにとらわれる傾向がある。そして結局は最初の係留点に近い結論を導くことになる。

4. 感情とリスクの認知

（1）感情ヒューリスティック

ここでリスク認知に及ぼす感情の影響について言及しておきたい。今日のリスク研究では，感情とリスク認知に着目したアプローチがなされている。リスクとは人間の生命，健康，財産ならびにその環境に望ましくない結果をもたらす可能性のことであり，リスク認知とはこれに対する認識であるから，リスク認知が不快や怒りなどネガティブな感情と結びつくことは想定できる。その関係性にいっそう注目が集まるようになったのは，感情ヒューリスティックというフレームワークが提案された2000年頃からである。

感情ヒューリスティックとは，感情を手がかりとして対象に関する判断や意思決定を行うことである。Slovic らは，リスク認知におけるヒューリスティックのひとつとしてとして，この感情ヒューリスティックがあることを指摘している（Slovic et al., 2004）。わたしたちは好き嫌いによって対象全体を判断することがあるが，これも感情ヒューリスティックである。好き・嫌い，快適・不快といったような肯定的あるいは否定的な感情は，対象を見聞きすると素早く喚起される。とっさに浮かんだその感情を手がかりとして，対象全体を判断したり評価したりする。

リスク認知についても，ある対象に対して否定的な感情が浮かぶと，その危険性は大きく，逆に便益性は小さいと判断されやすくなる（Finucane et.al., 2000；土田，2012）。例えば，発電所やゴミ焼却場のような施設，あるいはまた農薬や食品添加物といった化学物質は，便益とリスクとを併せ持っている。このとき，便益とリスクの評価は本来ならば別々になされることである。しかし，当該施設や化学物質に好感を抱くと，その利便性は高く危険性は低いと認知しやすい。逆に，それらに恐怖心や怒りや不快感や嫌悪感や不信感などのネガティブな感情を抱いていると，便益は小さくリスクは大きく認知しやすくなる。

（2）リスク認知における感情の重要性

このように，対象物への感情によってリスクについての認知が変わることがある。そして今日では，感情がリスク認知に影響を与えるというより，感情こそがリスク認知の主要な構成要素だという見方が強まっている（中谷内，2012）。例えば，後述するリスク特性のリスク認知に及ぼす影響には感情ヒューリスティックが多分に関わっていると考えられる。また，すでに述べた利用可能性ヒューリスティックとの関連を通して，感情はリスク認知に影響を及ぼすことになる。大きな恐怖や怒りといったような強い感情をともなう記憶ほど，取り出しやすく利用しやすい情報となるためである。

文部科学省 安全・安心科学技術及び社会連携委員会が取りまとめた『リスクコミュニケーションの推進方策』（平成26年3月27日）では，リスクコミュニケーションを行う前提として感情を考慮することの重要性を述べている。すなわち，ひとびとはリスクをハザード（そのリスクが及ぼす影響の深刻さ，拡大の可能性等）とアウトレージ（怒りなど感情的反応をもたらす因子）の和としてとらえるとの考え方があることを提示している。そのうえで，不安・不信感など心理的要素，公平性や自己決定など社会規範や個人の権利，価値判断を含むアウトレージに関する部分は無視できず，たとえハザードが小さくても（ハザードがゼロだとしても），アウトレージが大きい場合にはそのリスクは大きく受け入れ難いと認知されるとして，アウトレージの存在を前提とした，一方的な説得ではないコミュニケーションが重要となるとしている。

また，アメリカ原子力規制委員会（NRC）も，原子力安全に関するリスクコミュニケーションのガイドラインのなかで，一般のひとびとのリスク認知がハザードとアウトレージの和により導かれることをふまえ，客観リスクだけで原子力問題を扱うことの限界と，リスクコミュニケーションの課題を指摘している。

（3）リスク特性とリスク認知

ここで，リスクコミュニケーションを行うときに頭に入れておくべきリスク認知に関わる要素として，リスク特性による影響を示す。これは，あるリスク事象について，それに何か特定の性質がともなっていると感じられるとき，頻度や強度の客観的大きさには関係なく，リスクの大きさの程度の認識が高まる，あるいは，逆に低くなることがあるというものである。

リスク特性によって個人のリスク認知が変わることについてはすでにさまざまに指摘されている（Slovic，1987；広瀬，1993；木下，1997）。リスク認知に影響を及ぼすリスク特性としては以下のようなものがある。

・自発性（非自発的に負担することになるリスクは強く，自発的な関わりで生じるリスクは弱く認知される）
・公平性（誰にでも平等にふりかかるのではなく，いっぽうに利益がもたらされ，他方に損害がもたらされる場合にはリスクは強く認知される）
・便益の明確さ（その事象のもたらす便益が明確でない場合には，明確な場合と比べてリスクは大きいと判断される）
・制御可能性（個人でコントロールできない場合，リスク認知は高まる）
・未来への影響（次世代を含む将来への影響の可能性がある場合，リスク認知が高まる）
・復元可能性（結果としての損害を元の状態に戻せないと，そのリスクに対する認知は高まる）
・即効性（リスクの結果がすぐに出ず悪影響が遅れて現れる場合にリスクは大きくとらえられる）
・大惨事の可能性（一度の事故・事件・災害で多くの被害者が出る場合，リスク認知は強くなる）
・結末の重大さ（死につながる事象のリスクは，そうでないものより大きくとらえられる）

・苦痛の付加（普通でない死に方をしたり苦しみながら死んだりするような場合，リスクは強く認知される）
・しくみについての理解（発生の背景や進行過程，また損害に至る過程が見えない事象のリスクは大きくとらえられる）
・なじみ（あまり知られていない事象のリスクは，よく知られているものより大きくとらえられる）
・発生源（人為的に発生する人工のリスクは，自然発生的な天然に存在するリスクよりも強く認知される）
・新しさ（新しいリスクは，古くからあるものよりも大きくとらえられる）
・距離感（見知らぬひとのリスクよりも，身近なひとのリスクは強く認知される）
・情報の一貫性（複数の情報源から矛盾する情報が伝わる場合，情報を受ける側のひとびとはリスクを大きくとらえる。また，同一の情報源から矛盾した情報が伝わる場合にもリスクを大きくとらえる）
・信頼性（そのリスクに関わっている機関に対する信頼性が小さいと判断された場合にリスク認知は高まる）。

このうち自発性について，そのリスクが自らの自発的な関わりによって生じるのか，そうでないのかによって，リスクの認知は変わってくる。ひとびとが自ら進んでそのリスクにさらされる自発的なリスクとしては，危険なスポーツや喫煙によるリスクなどがあり，いっぽう，好むと好まざるにかかわらずひとびとが非自発的にそのリスクにさらされるリスクとしては大気汚染のリスクなどがあるが，これら二種類のリスクを比べた場合，非自発的リスクは強く認知される傾向が認められる。

また，公平性について，そのリスクの分配が公平か不公平かによってリスク認知は異なる。一般に，不公平に分配されたリスクに対する認知は高くなる。不公平に分配されたリスクとは，その事象をめぐりリスクを受けるひとと便益を受けるひととが存在する場合に生じるもので，原子力発電所や有害廃棄物処理場，犯罪者の社会復帰施設等はその典型例である。

さらに，制御可能性に関して，個人的な予防行動では避けられないという特性を感じさせるリスクは強く認知される。例えば喫煙による肺がんのリスクは禁煙することで自ら制御できる。これに対して，大気汚染による肺がんのリスクは，複合的に生じる大気汚染の諸原因となる活動（自動車の走行や工場の運転など）をやめさせることはできず，さりとて呼吸を止めるわけにもいかず，制御の範囲外となる。このような場合にはリスクを大きく感じることとなる。

他にも，じゃがいもや塩といった自然由来の慣れ親しんだ食品にはたいして関心を払わないが（実際にはじゃがいもの芽や表皮が緑色になっている部分に多く含まれるソラニンは，大量摂取により嘔吐，下痢等の中毒症状をもたらし，場合によっては死に至ることがある。また，塩であっても大量に摂取すれば死に至る――塩の主成分である塩化ナトリウムの致死量は300グラム），食品添加物や遺伝子組み換え食品のように人為的な操作が加わった場合にはリスクは強く認知される。また，遺伝的影響を後の世代に与えるなど将来の世代に悪影響が起こるリスク，また放射線被ばくによる晩発性効果の発がんのように悪影響が遅れて出てくるリスクも強く認知されるなど，リスク事象の特性をどのように感じるかによって認知が影響を受けることが多くある。

また，信頼とリスク認知や不安とのあいだには関連があることが，さまざまな先行研究から明らかにされている。例えば，遺伝子工学の専門家に対する信頼が高く認識されている場合に，遺伝子組み換え作物や遺伝子診断等のリスクは小さく，逆に便益は大きく認知される傾向がある(Siegrist，2000)。また，中谷内（2011）は，わが国の20歳以上の男女を対象に調査を行い，遺伝子組み換え食品，医療ミス，化学的食品添加物，薬の副作用，原子力発電所の事故，飛行機事故，アスベスト，耐震偽装など51の項目をあげ，それぞれに対する不安の程度，およびそれぞれのリスクを管理する専門機関に対する信頼の程度をたずね，両者の関連を分析している。その結果，リスク管理機関への信頼が低いほど当該項目に対する不安が高く，逆に信頼が高ければ不安は小さくなることを明らかにしている。また，著者が20歳以上の男女を対象に2012年に行った調査結果からも同様の傾向が見られた。原子力発電所事故，放射性物質の健康影響などの事象について，主観的発生頻度と強度および不安の程度をたずねるとともに，それぞれのリスク毎に管理機関への信頼の程度を把握したうえで，それらのあいだには関連性（信頼が低いときリスクが大きく認知され，不安も大きい傾向）のあることが確認されている（Nara，2013)。さらに信頼は，相手のリスク管理に関わる能力，誠実さといった姿勢の好ましさ，主要価値類似性（自分と相手とで，大切にしていることが同じかどうか）についての印象や判断で左右される(中谷内ほか，2008)。

これまで述べてきたように，ひとびとがリスクをどうとらえるかには，リスクの客観的な大きさ以外にもさまざまな要素が関与している。リスクコミュニケーションにあってはそこの部分に目を向けることが大切となる。

ただしこのとき，そういった要素の影響を受けたうえでのリスク認知を，客観的な科学的・確率論的なリスクの判断によって矯正されるべきものとして一方的に決めつけたり扱ったりしてはならない。なぜならば，リスク認知に関わる要素には，個人心理の問題に留まらない社会的意味があるからである。例えば，先述したリスク特性としての自発性は自己決定権という権利問題に，また公平性は社会的不平等に関わることである。発生源における人為性は，リスクや発生した被害に対してリスク管理機関が負う責任の問題を含意している。そして信頼は，とりわけ分業化や専門化が過度に進展した現代にあって，社会システムを成り立たせる重要な要素である。

リスクの科学的な理解は重要である。しかしそれだけではリスク問題を解決できないという現実を，これまでのさまざまな事例がわたしたちに突きつけている。その現実および本章で述べてきたリスク認知のありようをもって，リスクコミュニケーションの今日的な意義があらためて確認できよう。すなわち，客観リスクと主観リスクについて多様なステークホルダーが理解し合い共考することが，リスク問題の解決に求められているのである。

参考文献

木下冨雄（1997）「科学技術と人間の共生―リスク・コミュニケーションの思想と技術」有福考岳編著『環境としての自然・社会・文化』京都大学学術出版会
木下冨雄（2009）「リスク・コミュニケーション再考―統合的リスク・コミュニケーションの構築に向けて（3）」，日本リスク研究学会誌，Vol.19，No.3，pp.3-24.
楠見孝（2001）「ヒューリスティック」「利用可能性ヒューリスティック」「代表性ヒューリスティック」「係留と調整」山本真理子・池上知子・北村英哉・小森公明・外山みどり・遠藤由美・宮本聡介編『社会的認知ハンドブック』北大路書房
土田昭司（2012）「リスク認知・判断の感情ヒューリスティックと言語表象」『日本機械学会論文集（B編）』，78（787），pp.374-383.
中谷内一也・Cvetovich, G. T.（2008）「リスク管理機関への信頼―SVSモデルと伝統的信頼モデルの統合」『社会心理学研究』23 (3)， pp.259-268.
中谷内一也（2011）「リスク管理への信頼と不安との関係―リスク間分散に着目して」『心理学研究』82 (5)， pp.467-472.
中谷内一也編（2012）『リスクの社会心理学―人間の理解と信頼の構築に向けて』有斐閣
広瀬弘忠（1993）「リスク・パーセプション」『日本リスク研究学会誌』5 (1)，pp.78-81.
Finucane, M. L., Alhakami, A., Slovic, P. & Johnson. S. M. (2000) The Affect Heuristic in Judgement of Risks and Benefits, *Journal of Behavioral Decision Making*, 13, pp.1-17.
Kahneman, D., Slovic, P., & Tversky, A. (1982) *Judgment under Uncertainty：Heuristics and Biases*, Cambridge University Press
Nara, Y. (2013) Observations on Residents' Trust in Risk Management Agencies and Their Perception of Earthquake and Atomic Power Plant Incident Risks：From Questionnaire Surveys before and after the Great East Japan Earthquake, *Social and Economic Systems*, 34, pp.165-178.
Siegrist M. (2000) The influence of trust and perceptions of risks and benefits on the acceptance of gene technology, *Risk Analysis*, 20 (2), pp.195-203.
Slovic, P. (1987) Perception of Risk, *Science*, vol.236, pp.280-285.
Slovic, P., Finucane, M. L., Peters, E., & MacGregor, D. G. (2004) Risk as Analysis and Risk as Feelings：Some Thoughts about Affect, Reason, Risk, and Rationality, *Risk Analysis*, Vol. 24, pp. 311-322.
United States Nuclear Regulatory Commission (NRC) (2004) *Effective Risk Communication: The Nuclear Regulatory Commission's Guideline for External Risk Communication*

3 リスクコミュニケーションの基本と要点

奈良由美子

《学習のポイント》 本章ではリスクコミュニケーションの基本的手法を解説する。リスクコミュニケーションにおけるPDCAサイクルを含めた進め方の基本を示したうえで，リスクコミュニケーションを通常活動に埋め込むことやコミュニケーション技術等のポイントをおさえる。また，リスク比較に典型的に生じる注意点，リスクコミュニケーションの評価の観点，信頼の意義についても言及しながら，リスクコミュニケーションの本質を見失わないことの重要性を確認する。
《キーワード》 リスクコミュニケーションの全体枠組，PDCAサイクル，情報の受け手，コミュニケーションの技術，リスク情報の効果的発信，リスクの比較，通常活動へのビルトイン，リスクコミュニケーションの評価，信頼

---

1. リスクコミュニケーションのプロセス

（1）リスクコミュニケーションの全体枠組の把握

リスクコミュニケーションを実践するにあたってまずすべきは，自らが行うコミュニケーションの全体を俯瞰し理解することである。リスクコミュニケーションの全体枠組の項目についてはすでに第1章で述べた。それらを概念図で示すと図3-1のようになる。枝葉末節にとらわれることなくぶれのないリスクコミュニケーションを実践するためには，自分がこれから行おうとする，あるいは今行っているリスクコミュ

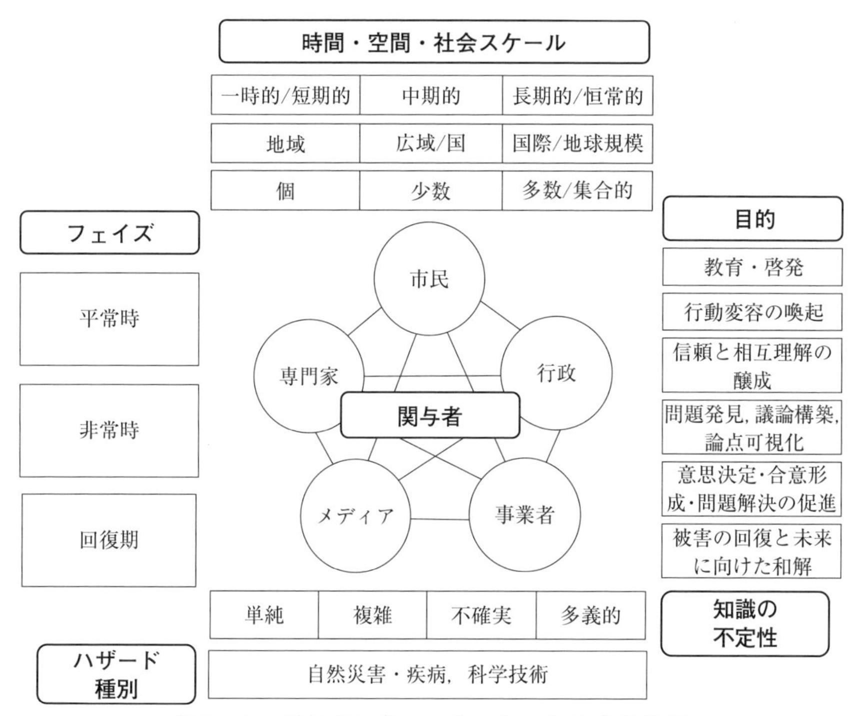

図3-1　リスクコミュニケーションの全体枠組

独立行政法人科学技術振興機構科学コミュニケーションセンター
『リスクコミュニケーション事例調査報告書』（2014）p.39 より作成，一部改変

ニケーションは，「何について」，「誰に（誰と）」，「いつ」，「どこで」，「何のために」行うのか・行っているのかの全体を描き，見直すことが必要である。

（2）リスクコミュニケーションの原則

すでに第1章で述べたとおり，リスクコミュニケーションはさまざまな問題領域やフェイズにおいて行われる。関係するステークホルダーも目指される目的も，ケースごとに異なってくる。したがって，どのようにリスクコミュニケーションを進めるかについての方法は一様ではなく，決まり切ったやり方や定型化されたマニュアルがあるわけではないのだが，実際にこれを行ううえではおさえるべき基本がある。

まず，リスクコミュニケーションを行う際の原則がある。ここでは，米国環境保護庁（United States Environmental Protection Agency：EPA）によるリスクコミュニケーションの主要ルールを示しておく(EPA，1988)。それは次の７つである。①ひとびとを真のパートナーとして受け入れ，不可欠のパートナーとして巻き込む。②ひとびとの声に耳を傾ける。③正直，率直，オープンである。④信頼できる他の組織と協働する。⑤メディアのニーズに対応する。⑥分かりやすい言葉で明確に，思いやりの心をもって話す。⑦周到に計画し，結果を評価する。

（３）PDCA サイクルとしてのリスクコミュニケーション

さらに，リスクコミュニケーションの進め方にも基本がある。それは，PDCA サイクルに即してこれを行うということである。PDCA は経営管理業務，研究や開発等を円滑に進める手法の一つであり，plan，do，check，action を繰り返すことで，継続的に活動を改善するものである。

コミュニケーションにおいても，問題の分析（当該リスクに関する情報の整理および可視化)，課題の設定（コミュニケーションを行ううえでの課題の整理)，計画（コミュニケーションのデザイン)，実施，再評価を含むサイクル全体を俯瞰し次につなげてゆくことが必要となる。

このような原則をふまえ，リスクコミュニケーションは基本的に次の段階にそって実施される。①活動全体の目的をふまえリスクコミュニケーションの目標を設定する，②当該リスクについての事実・現状を把握する，③受け手（相手）の特徴や価値観や意見を分かる範囲内で把握する，④どのようなリスク情報をやりとりするか，メッセージを作成しプレテストをふまえて見直す。このとき，リスク情報をやりとりする具体的な手段を検討する（日時やメディア，形態，表現はどうするかなど），⑤リスクコミュニケーションを実施する，⑥リスクコミュニケーションを再評価する。

（４）リスクの把握とコミュニケーションの相手の把握

前項に示した６つの段階のなかでも，②のリスクについての客観的データを収集し分析，整理しておくこととならんで，とりわけ大切となってくるのは③受け手（相手）の特徴や価値観や意見を把握することであろう。

具体的には，年齢層や職業はどうか，例えばその土地に生業があるか，小さい子どもを持つ親かどうかといったこと等も知っておきたい大切なポイントとなってくる。また，当該リスクに関してどのような立場にあるひとか，例えば地域住民か市民団体か事業者か，賛成派か反対派かといったことを把握する。さらに，相手の不安の程度とその対象（健康への不安，経済への不安，環境への不安，公正さが阻害されることへの不安，・・・），関心の程度とその理由，知識の程度とその内容，関与の程度とその内容についても，早い段階で，できる範囲内で，把握する。

むろん，相手がどのような不安や意見や価値観を持っているかは，実際にコミュニケーションを行うなかで分かってくることが多い。それでも，相手のことを一切知ろうともせずいきなり本番に臨むことは適切ではない。相手にとってまったく関心のない論点や情報を持ち出すことで，リスクへの理解が進まないだけでなく，コミュニケーションに対するこちらの姿勢を疑われることになるからである。リスクコミュニケーションの相手の関心や懸念を予想し，それらを考慮に入れたうえでリスクコミュニケーションの実施に臨むことで，より良い情報提供および共考が進むと考えられる。

2. リスクメッセージの検討とコミュニケーションの実施

(1) コミュニケーションの技術

また，前節④メッセージの作成や伝える方法の検討も重要である。メッセージに含むべきリスク情報は次のように整理される（土屋，2011a；Lundgren et al., 2018)。まず，リスクそのものについての客観的な情報（どのようなリスクか：リスクの結果，致死率，環境影響，継続期間，許容可能なリスクレベル等。誰にとってのリスクか：住民，利害関係者，影響範囲等）は不可欠である。さらに，リスクアセスメントの不確実性，責任主体のリスク管理方法，リスク管理の代替案とそれらのリスク評価，個人でできる役立つ心得も加えるべき内容となってくる。とくに，リスク管理に関する情報は重要である。ひとは，それまで意識していなかったリスクについてただ知らされるだけでは，不安が高まったままになるからである。そこで，責任主体のリスク管理方法，さらには自分が取り得る対策についての情報をあわせて伝えることが求められる。

リスクコミュニケーションにおいてどのようにメッセージを伝えると良いかについては，何か新しいあるいは特殊なコミュニケーション手法があるわけではない。これさえあれば上手くいくといったような唯一の正解や特効薬もない。しかし，コミュニケーション技術としては，従来からの心理学のコミュニケーション研究の成果が参考になる。リスクコミュニケーションに活かせる技術として主なものを以下にあげておく。

・フレーミング効果：同じ事象であっても表現のしかた（フレーミング）が変わると受け取られ方が異なる。肯定的なフレームで表現された方が好まれる。
・恐怖喚起コミュニケーション：相手に恐怖の感情を引き起こすコミュニケーション。当該リスクへの認知を高めて対処行動をとってもらうことを目的として行われることが一般的。
・一面的コミュニケーションと両面的コミュニケーション：その事象の安全性やベネフィットだけ伝えるコミュニケーション（一面的コミュニケーション）とリスクなど反対論も合わせて伝えるコミュニケーション（両面的コミュニケーション）では，教育程度が高く知識量が多い，あるいはまたその事象に反対意見を持つ相手には両面的コミュニケーションが有効。
・理由と状況説明：相手にある対処行動をとってほしいとき，ただ「○○して下さい」とだけ伝えるのではなく「○○だから○○して下さい」と理由や状況説明をセットにすることが有効。
・結論明示と結論保留：送り手が結論を出す結論明示と，受け手に結論を引き出すことをまかせる結論保留。相手が教育程度が高い，当該問題に関心がある，またこだわりがある場合に，結論保留が有効とされる。
・クライマックス順序と反クライマックス順序：結論を最後に述べるコミュニケーション（クライマックス順序）と最初に述べるコミュニケーション（反クライマックス順序）について，関心がある人にはクライマックス順序，関心がない人には反クライマックス順序が有効とされる。

リスクコミュニケーションにおけるメッセージのやりとりにはこのような技術があるのだが，安易にこれを用いることは適切でない。例えば，恐怖喚起コミュニケーションは相手に防災や防犯等を奨励するときにしばしば用いられるが，ただ怖がらせるだけでは対処行動には結びつかない。リスクを低減するため災害対策や犯罪対策として具体的に何をすれば良いのかの情報，さらには「自分にもそれができる」との自己効力感を高める情報も合わせて伝える必要がある。

また，フレーミング効果や一面的コミュニケーション・両面的コミュニケーションの使い分けの効果はあるものの，自分が相手をある方向に誘導するためだけにこれらを用いることは適切ではない。リスクコミュニケーションの基本は，リスクの客観的状態について知るとともに，相手のリスクに対する考え方や価値観を理解しあい，リスクについて共考することである。この考え方に照らせば，一面的コミュニケーションではなく両面的コミュニケーションを行うことが望ましい。

（2）リスク情報の効果的発信

リスクコミュニケーションにおいては，分かりやすいリスクメッセージを送ることが求められる。言語による情報だけでなく映像やイラストを用いたりすることは有効である。専門用語やカタカナ語の多用はひかえ，平易な表現になるよう心がけることも基本である。このようなコミュニケーション一般に共通した留意点だけでなく，リスクに関するコミュニケーションならではのポイントもある。

それは，不確かさや見解の相違があるリスク情報の公開に当たっては，その根拠を受け手側が検証できるようにすることである（文部科学省安全・安心科学技術及び社会連携委員会，2014）。この検証可能性を確保するためには，リスク情報の根拠や検討過程，情報の修正・更新の履歴を含めた迅速な情報公開が求められる。あるリスク情報やその根拠となるデータを，立場や見解の異なるステークホルダーが独立に検証し，結果の相互参照が行われたとき，その情報・データの信頼性，さらには発信者に対する信頼が高まると考えられる。

それから，確率情報の提示についても検討や工夫が必要となる。確率論的な数値表現をもって当該リスクを理解することは，一般のひとびとにとって容易ではないためである。例えば，第10章でも用いた「今後30年間に震度6弱以上の地震が発生する確率は○○％」といった表現について，70％や80％のような数値であればあるいはリスクを強く認知するかもしれない。しかし，数％と示される場合，受け手側は「ほとんど起こらない」ととらえ，その結果，災害に備えるという行動変容に結びつかない可能性がある（しかし実際には，たとえ数％であっても大地震は発生している）。

そこで，「今後30年間に数％」という値が日常生活において無視できるほど小さな値ではないことを理解してもらうため，例えばほかの災害や事故・犯罪にあう可能性と比較させながら提示するという工夫がある（地震調査研究推進本部，2010）。今後30年間に次のようなことが生じる可能性はそれぞれ，大雨による罹災が0.50％，台風による罹災は0.48％，交通事故による負傷が24％，交通事故による死亡が0.20％，空き巣ねらいが3.4％，といった具合である。これは，日々の生活のなかで交通安全や戸締まりに心がけているが，実はそれ以上に地震に備える必要性が高い，ということを認識してもらうための参考情報となる。このような確率論的な数値を用いたリスク情報について，どのように発信し，どのように理解してもらう必要があるのか，そしてどのように実際の行動変容に結びつけてもらうのか，発信側と受け手側との共考が求められる。また，リスクの数値を比較することにも慎重さが必要であり，これについては次項で述べる。

（3）リスクの比較

リスクコミュニケーションにおいては，当該リスクがどの程度の大きさであるかを具体的なデータを用いて説明することが一般的である。その際，リスクを客観的にとらえるため，他の数値と比較しながらデータを提示することがしばしば行われる。研究者を含む専門家にとってはごく当たり前のこのやり方に関して，ステークホルダーの多様性のなかではリスクを比較して提示することには注意が必要である。

例えば，農林水産省が公開している「健康に関するリスクコミュニケーションの原理と実践の入門書」ではCovelloら（1989）の議論にもとづきながら以下のようなリスク比較の指針を示している。

・第1ランク（最も許容される）：異なる二つの時期に起きた同じリスクの比較，標準との比較，同じリスクの異なる推定値の比較。
・第2ランク（第1ランクに次いで望ましい）：あることをする場合としない場合のリスクの比較，同じ問題に対する代替解決手段の比較，他の場所で経験された同じリスクとの比較 。
・第3ランク（第2ランクに次いで望ましい）：平均的なリスクと特定の時間または場所における最大のリスクとの比較，ある有害作用の一つの経路に起因するリスクと同じ効果を有する全てのソースに起因するリスクとの比較。
・第4ランク（かろうじて許容できる）：費用との比較，費用対リスクの比較，リスクと利益の比較，職務上起こるリスクと環境からのリスクの比較，同じソースに由来する別のリスクとの比較，病気・疾患・傷害などの他の特定の原因との比較。

・第5ランク（通常許容できない－格別な注意が必要）：関係のないリスクの比較。

このうち，第5ランクのリスク比較は，例えば，大気中の有害物質のリスクと喫煙や車の運転のリスクのような性質の違うリスクについてこちらが大きくそちらが小さいとするものであるが，このやり方はほとんど受け入れられないとされる。

とくに，すでにリスクがクライシスの状況になった段階では，ひとびとは，これまでのリスク情報やリスク管理に対する疑問や不信を感じるようになっており，リスク管理機関の責任や姿勢を含めた社会的・倫理的な問題に敏感になっている。ひとびとのリスク認知に感情の要素が関与していることは第2章で述べたとおりであるが，この状況にあって，科学的には正しいであろう確率論的なデータのみにもとづいたリスク比較を提示することは，その情報を受け入れるどころか，かえってひとびとの不満や不信を高めかねない。

福島第一原子力発電所事故のあと，しばしば行われたリスク情報の発信に次のようなものがあった。「この事故にともなう放射線被ばくのリスクは，レントゲン撮影やCTスキャンなどの医療被ばくのリスクよりも小さい」。「この事故にともなう放射線被ばくによりがんになるリスクは，喫煙によりがんになるリスクより小さい」。これらが科学的にはそのとおりであったとしても，すでに危険に直面している当事者にとっては，数字のとおりにリスクをとらえることは困難であっただろう。

なぜならば，診断・治療に役立ちかつ自分で負担するかどうかを決められる医療被ばくのリスクと，不可抗力的に受動的に負担せざるを得なかった事故による被ばくのリスクとを比較することは，リスクと引き換えの便益や自己決定の有無の違いを無視したものとして問題視されやすいからである。また「問題となっているリスクは○○のリスクよりも小さい」といった説明は，直接的には当該リスクを定量的に把握してもらうことがねらいでであっても，間接的には「○○より小さいリスクなのだから受けいれよ」という押しつけと受け止められやすい（文部科学省安全・安心科学技術及び社会連携委員会，2014）。

また，国際原子力機関（IAEA）は福島第一原子力発電所事故のあとにまとめた報告書のなかで，'Risk comparisons are risky' と述べ，性質を異にするリスクを比較することは効果的でないばかりか，ひとびとの信頼を失うことにつながりかねず，すべきでないとしている（IAEA，2012）。

自然由来のリスクか人為的なリスクか，便益がはっきりしているリスクかそうでないリスクか，能動的に負担するリスクか受動的に負担するリスクか，みなに公平に生じるリスクかそうでないリスクか，といったような性質の違いが，ひとびとのリスク認知に影響を与え，それは客観的な数値とは必ずしも一致しないことを第2章で述べた。リスク比較を行う際には，このようなひとびとのリスクのとらえかたをじゅうぶんに理解したうえで慎重に行う必要がある。

もしも第5ランクのような比較をかろうじて行ってもよい場合があるとするならば，それは平常時から情報の受け手に対する信頼がじゅうぶんに醸成されており，そして，まだリスクが具現化していない段階の場合であろう。その意味で，後述するような平常時からの信頼醸成は重要であるし，また例えば学校教育のなかでリスクリテラシーを扱うことも望まれる。

（4）コミュニケーションの形態とメディア

リスクコミュニケーションのプロセスの，1節3項④メッセージの作成とリスク情報をやりとりする具体的な手段の検討について，さらに補足しておきたい。リスクコミュニケーションはさまざまな主体がさまざまなリスクについて行うものであり，コミュニケーションを行うメディアや形態もさまざまとなる。一対一の個人間あるいは数人のグループで行う場合もあるだろうし，テレビや新聞のような伝統的なマスメディアを使う場合，またインターネットを用いることもある。

メディアの選択については，ハザードの種類，フェイズ，リスクコミュニケーションの目的などにより異なってくる。目的別に見た場合，Lundgren ら（2018）の整理も参考にすると以下のような形態・メディアが一般に推奨される。リスクに関する知識提供が目的の場合：リスクのビジュアルな表現，説明資料，対面的コミュニケーション，ソーシャルメディア。行動変容の喚起を目的とする場合：リスクのビジュアルな表現，説明資料，対面的コミュニケーション，ソーシャルメディア。合意形成の促進を目的とする場合：ソーシャルメディア，ステークホルダー参加。

また，一つの例として，福島第一原子力発電所事故後のリスクコミュニケーションに関して，これを担っている主なメディアの種類およびその特徴（役割）について，神田（2011）は以下のように整理している。

・マスメディア：リアルタイムに情報提供・・・クライシス・コミュニケーションにおいて重要。さまざまな立場の見解を伝えることが可能。

・省庁の HP など：国の公式見解を発表・・・放射線に関する数値公表（文科省，厚労省，農水省など）。公式な影響評価公表（原子力安全委員会，食品安全委員会など）。意思決定プロセス公表（コンセンサス・コミュニケーション）。

・地方自治体の HP や講演会など：地域に密着した情報の提供・・・地域性によりサブグループ化された集団への情報提供。

・研究機関，学協会の HP や講演会など：科学的専門性の高い情報の発信・・・懸念・関心内容によりサブグループ化された集団への情報発信。ケア・コミュニケーションにおいて重要。

・電話相談窓口：個人の状況に応じた情報の提供・・・非ネットユーザ，あるいは被災者や子どもを持つ親など，強い不安を持つ集団には必須。機関同士の連携可能。

一般に，特定のステークホルダーと深い双方向性の高いやりとりをしたいのであれば対面あるいは電話での直接的なコミュニケーションが効果的となる。しかし，この方法には一度のコミュニケーションで対応できる人数が限られる等の制約がある。いっぽう，一度に多くのステークホルダーとやりとりをしたいのであればマスメディアの活用が適しているが，そのやりとりは一方向であり，情報の受け手のニーズに同期して応えることはできない。このように，各メディアの特徴をふまえながら自らが行うリスクコミュニケーションの目的に応じて効果的と思われるものを選ぶことが必要となる。いくつかのメディアを組み合わせて用いることも良いだろう。

3. リスクコミュニケーションの通常活動へのビルトイン

(1)「普段」が反映するリスクコミュニケーション

リスクコミュニケーションはコミュニケーション活動のひとつであり，その成否にはこれを行おうとする組織や個人の「普段」が色濃く反映することとなる。普段のコミュニケーションが上手くいっていない組織や個人がリスクに関するコミュニケーションだけ上首尾に行えるということはない。

例えば，第 10 章で津波に対する効果的なクライシス・コミュニケーションを行った事例として紹介した大洗町では，平常時から防災行政無線を利用し，また火事が発生したときにはどこで発生しているか，風向きはどうか等の状況説明を加えることを心がけていたという（井上，2011）。「普段できないことは非常時にもできない」とは防災の大原則であるが，ほかのリスク問題についても，通常の活動にリスク（クライシス）対応の活動をビルトインすることが求められる。

また，リスクコミュニケーションにおいては，多様な立場や価値観やニーズを持つ人たちが関わることになる。普段同質性の高い集団のなかでのコミュニケーションに終始していると，リスクコミュニケーションを適切に進めることが困難となる可能性があり，普段から多様なステークホルダーと対話・協働することに慣れておくことが望まれる。

さらに，リスクコミュニケーションの本質である信頼について，これを特定のリスクに限定して構築することはほとんど期待できない。この点について木下（2016）は，組織への信頼性は，メッセージを発信する組織全体が表出するあらゆる行動メッセージによって作られるものであると述べる。したがって，特定の場面，特定のリスクコミュニケーター，特定のリスク問題に関する言語メッセージによるコミュニケーションだけでなく，組織倫理・安全規範に関する活動や社会への貢献など，組織のトップを含んだ全構成員の活動としての「統合的リスク・コミュニケーション」が重要であるとしている。

表3-1には，統合的なリスクコミュニケーションをめぐる組織活動が一覧されている。一見すると当該リスクに関係のない活動に見えるものも，組織に対する信頼を下支えし，いざというときのリスク対応活動を円滑で有効なものにすることにつながっている。

表3-1　統合的リスク・コミュニケーションをめぐる組織活動

活動の方向性	活動のカテゴリー	具体的な活動内容
日常的な組織活動として行われるリスコミ ・間接的 ・長期継続的 ・組織イメージ形成 ・信頼性の貯金	組織倫理に関する活動	トップマネジメントが創り出す安全規範，組織倫理，CSR，コンプライアンス，不祥事防止計画，迅速で誠実な事故対策，組織内での意思疎通
	組織の生産面に関する活動	品質管理，製造物責任，防災・安全投資，無事故実績，事業継続計画，経営情報開示，資金調達計画，知財の活用
	外部組織との連携	産官学の連携，業界団体の連携，共同プロジェクト，寄付講座，出前講義，インターン受け入れ，大学院派遣
	社会との連携	メセナ活動，見学ツアー，地元との協力体制（防災・防犯・環境・福祉・雇用），ボランティア活動，サイエンスカフェ
	マスコミとの連携	定期的懇談会や勉強会，プレスリリース，番組提供，イメージ広告，誤報への的確な対応
個別的な問題解決として行われるリスコミ ・直接的 ・短期集中的 ・双方向性による共考 ・信頼性に基づく解決	広域的・一般的・戦略的なリスコミ	マスコミへの意見広告，啓発番組，プレスリリース，印刷物（書籍・解説書・パンフ），シンポ，ワークショップ，ホームページ，SNS，リスコミセンター，相談センター，有識者会議，地域懇談会，市民会議，見学ツアー，サイエンスカフェ
	局所的・問題指向的・戦術的なリスコミ	地域懇談会，市民会議，地元説明会，個別訪問，シンポ，ワークショップ，ホームページ，SNS，プレスリリース，リスコミセンター
	第三者組織によるリスコミ	噂のコントロールセンター・リスコミセンターなどの相談窓口，ホームページ，SNS

出所：木下冨雄（2016），『リスク・コミュニケーションの思想と技術―共考と信頼の技法』ナカニシヤ出版，p.211.

(2) リスクコミュニケーションの「文脈化」

リスクコミュニケーションを通常活動にビルトインすることの意義はもうひとつある。それは，リスクコミュニケーションのアクターにとってのわざわざ感やひとごと意識を低減することである。

一般のひとびとにとって，日々のくらしをおくるうえでの課題はリスク問題の解決だけでは決してない。限られた生活資源をやりくりしながら仕事や育児など多くの課題に向かい合っている。そのなかでリスクについて考えたり対処したりすることは，余分のコストがかかるものとして後回しにされがちである。また，今自分が直面していないリスクについては自分ごととして強い関心を持つことも難しい。

このような状況に対する手立てのひとつとして，リスクコミュニケーションの「文脈化」が提案される（科学コミュニケーションセンター 2014）。ひとびとの日常生活のなかで行われる活動のなかに，リスクに関する情報共有やコミュニケーションの要素を埋め込んでいくこと，その意味でリスクコミュニケーションに文脈を与える（文脈化）ことが，ひとびとがまずはリスクの話題に触れ，関心を持つきっかけを増やし，無理なく負担感なく活動を継続することにつながると考えられる。

例えばお祭りなどの地域活動のなかで自然災害のリスクを考えることも有効だろう。また，風疹のリスクおよびワクチン接種の有効性に関するリスクコミュニケーションとして，男性週刊漫画誌で連載中の産科医療漫画で3週にわたって風疹が題材として取り上げられたりしたことも「文脈化」の例としてあげられる。

日常のくらしの文脈から切り離された場にリスクコミュニケーションを置いてそこにひとびとを引き込むのではなく，ひとびとの日常の生活の文脈にリスクコミュニケーションを付置することで，ひとびとにとってリスクの話題にアクセスしやすく「自分ごと」として考えられるようにすることが「文脈化」のポイントである。

4. 信頼とリスクコミュニケーション

（1）信頼の意義

ここで，リスクコミュニケーションにおいては，ステークホルダー間の信頼の重要性を常に念頭におくことの意義について述べる。信頼とは「相手の行為しだいで被害を被る危険性も，よい結果が得られる可能性もあるという状況の中で，よい結果が得られるだろうと期待して，被害を被りうる（vulnerable）立場に身を置こうという心理的な状態」（中谷内，2012）のことである。

信頼はリスクコミュニケーションにおいて本質的に重要である。「（リスクコミュニケーションとは）リスク場面において，関係者間の信頼に基づき，また信頼を醸成するためのコミュニケーション」（木下，2008），「リスクコミュニケーションの究極の目的は，共考のプロセスを通じて信頼関係を築いていくこと」（土屋，2011b）といった表現からも，信頼の重要性の大きさがうかがえる。また，Slovic は情報の送り手や情報の内容に対する信頼が受け手の反応に大きな影響を与えると述べるとともに，1970 年代後半以降，欧米のリスクコミュニケーションの実践が不調に終わった理由の一つとして，情報発信者への信頼の不足があったことも指摘している（Slovic，1993）。

（2）信頼構築の要素

これまでリスク研究において，信頼構築に必要な要素に関する検討がさまざまに行われてきた。そこでは，リスク管理者の「専門的能力」と，リスク管理者の「姿勢」（動機づけ）とが重要な要素として導かれている（土田，2006；吉川，1999；中谷内，2008 など）。これが伝統的な信頼モデルであり，半世紀以上にわたり信頼形成の要素に関する主流のモデルとして扱われている。

伝統的信頼モデルの提示する内容は以下のとおりである。リスク管理者はまずリスクをコントロールできる専門的な高い能力を持っていることが必要である。さらには，安全・安心を心がけ説明や報告に虚偽など交えず，他者を思いやる誠実さがあり，その責務をやり遂げる熱心な姿勢を持っていることも求められる。そしてコミュニケーションの相手が，リスク管理者に対してその専門的能力の高さを評価し，また姿勢の好ましさを認知したときに，リスク管理者は信頼されることになる。これらの二つの要素を構成する下位項目としては，それぞれ次のようなものがある（中谷内，2008）。専門的能力を構成する下位項目：専門知識，専門的技術力，経験，資格。姿勢（動機づけ）を構成する下位項目：まじめさ，コミットメント，熱心さ，公正さ，中立性，客観性，一貫性，正直さ，透明性，誠実さ，相手への配慮，思いやり。

さらに1990年代には，新しいモデルとして，「主要価値類似性モデル（SVSモデル：Salient Value Similarity Model）」が提示された（Earle & Cvetovich，1995）。このモデルが含意するのは，ひとは，当該リスクに関連して重要な価値を自分と共有していると思われる他者を信頼するという考え方である。ここでいう重要な価値（主要価値）とは，提示されたリスク問題の見立て方や、そこで何を重視するか、どのような結果を選好するかといった項目で構成されている。このモデルに拠れば，相手の主要価値が自分のそれと類似していると認知するとき、ひとはその相手を信頼することになる。

リスクの種類やそのリスクに関わるひとの当事者性の程度などによって三つの要素の重みづけが異なるものの，実際にはそれぞれのモデルの要素である専門的能力，姿勢（動機づけ），主要価値類似性のどれもが信頼構築には必要と考えられ，リスクコミュニケーションにおいては，これらの要素のありようを検討することが必要となる。情報の信頼性を高めることは大前提であり，それを発信する側の専門的能力，姿勢を高めるとともに，ステークホルダーの異なる価値観・考え方から共通なものを見いだすことがリスクコミュニケーションの第一歩となる。

（3）動的に作られていく信頼

また，リスクの当事者がリスクコミュニケーションに参加していること，さらにはリスク管理に接続する判断に関与することが，信頼を構築するうえで重要な要素となることも明らかになってきている（Hance et al., 1989；八木，2009；大沼，2014など）。前節で述べた多様なステークホルダーをなるべく早い段階から議論の場に迎えることは，信頼構築の観点からも重要である。

さらに，リスクコミュニケーションの双方向性に関して，形式的に双方向であるだけでなく，コミュニケーションを通じて相互に変わりうる可能性に開かれていることが重要であり，求められるのは実質的な双方向性，いいかえれば「相互作用性」であることを肝に銘じたい。例えばある会議のなかで発言の機会こそ均等に与えられていたとしても，その発言が事柄の決定に何ら影響しないような構造のもとでリスクコミュニケーションがデザインされていたら，「しょせんガス抜きだ」と見なされ，ひいては相手の信頼を失うこととなる。その意味でも，リスクコミュニケーションはリスク管理に活かす必要がある。

なお，信頼の重要性が強調されるあまり，健全な不信を抱くこと，それを表現することが難しい環境では，社会の中で適切な議題構築がなされず，対応すべきリスクも見過ごされてしまう恐れがある点に注意が必要である。信頼は静的に固定されたものではなく，信頼と不信が混在するコミュニケーションを通じて，動的に達成されると考えられるからである。

5. リスクコミュニケーションの評価

本章の最後に，リスクコミュニケーションの評価について考える。リスクコミュニケーションの評価はどのような観点から行われることになるのか。つまり，どのようなときにリスクコミュニケーションの効果があったと言えるだろうか。

パブリックアクセプタンスを目的とした説得的コミュニケーションであれば，コミュニケーションの相手（一般には，市民や住民）がこちら（一般には，行政や専門家）の希望する水準でリスクを受け入れたかどうかが評価の観点となる。そして，受け入れてくれたときに，コミュニケーションは効果があったと判断されることになるだろう。

しかし，すでに第１章で述べたとおり，今日のリスクコミュニケーションは，パブリックアクセプタンスすなわちひとびとのあるリスクへの不安感や態度を変容させそのリスクを受け入れてもらうことを目的とはしておらず，その中身も単なる情報提供や説得的コミュニケーションにとどまるものではない。National Research Council（NRC）が「個人・機関・集団間での情報や意見のやりとりの相互作用的過程」と定義しているように，相互作用性が重視されている。また，木下（2008）はリスクコミュニケーションの考え方を「共考」と表現している。現在のリスクコミュニケーションの枠組のなかで，共考やより良い解決法を協働して模索する状況を生み出すためには，従来，情報の受け手であった市民や地域住民がリスク問題に主体的に関与する場が設計されたかや，その意見が公正に扱われたかといった観点が必要となる。さらには，リスクコミュニケーションを通じて相手と信頼関係が構築できたかも重要である。

リスクコミュニケーションのPDCAサイクルにあっては，これまで実施してきたリスクコミュニケーションを再評価し，改善点を洗い出し，次のサイクルに活かすこととなる。表3-2に一般社団法人リスク研究学会リスクコミュニケーションタスクグループがまとめたリスクコミュニケーションの評価項目を示す。これは，リスクコミュニケーションを企画する際に，その効果として意識すべき評価指標を評価軸として整理したもので，リスクコミュニケーションのフェイズを時間的経過にそって「準備～実施（インプット）」，「参加者への効果」，「各個人・社会影響」に区別している。表中の最右の列は，リスクコミュニケーションを行うしくみを表している。

これらの評価項目ならびに尺度からも分かるように，結果としてひとびとがどれくらい当該リスクに備えるようになったか，またどれくらい当該リスクを受け入れるようになったか，あるいは当該リスクの対応について合意形成ができるようになったかは，あくまでもリスクコミュニケーション全体の効果のひとつとして位置づけられているに過ぎない。

さまざまなリスク問題が社会化する今日にあって，政策決定者や事業者はしばしばリスクコミュニケーションについての行き過ぎた期待や勘違いをする。それは，リスクコミュニケーションを行えば，ステークホルダー間の合意形成が実現し，施策や事業の受け入れが進むだろうとの期待や誤解である。しかし，これまで述べてきたとおり，リスクコミュニケーションには特効薬的な手法があるわけではないし，そもそも，ひとつの合意に至ることをねらいとした活動でもない。リスクコミュニケーションの本質は双方向的共考過程とステークホルダー間の信頼形成であり，これらに関わる評価項目が肝となる。

表3-2　リスクコミュニケーションの評価軸

日本リスク研究学会リスクコミュニケーションタスクグループ作成
（平成２８年６月１日）

フェイズ	準備～実施（インプット）	参加者への効果
指標の分類 具体的な指標	実施体制，事前準備，実施時に関する指標	コミュニケーションの結果としての，理解の水準の向上，得心・相互理解の促進の指標
個人の 意思決定 社会の 意思決定	【設計の指標】 ・事前に解決したい問題・目的（ゴール）を設定している。 ・リスクを評価した。 ・リスク対策を行った。 ・現状の課題を把握している。 ・参加者・関係者（ステークホルダー）の範囲を把握している。 ・ステークホルダーのニーズを把握した。 ・対象者の知識レベル，リスクへの意識，リスクリテラシーを把握した。 ・適切な方法の検討と選択を行った。 ・希望者がリスコミを受けるのか，リスコミを受けることがデフォルトで希望者が拒否できるのかを設定する（オプトイン，オプトアウトの設定）。 ・場の設計をした。 例１　多様で多くの参加者を集めた。 例２　ステークホルダーのニーズと参加動機を反映した。 例３　説明ツールを準備した。 例４　適切な説明者・ファシリテーターを準備した。 例５　参加者が事前に情報を収集できるようにした。 例６　双方向性を確保する工夫をした。 【実施時の態度，情報の指標】 ・情報がわかりやすい。 ・説明者が誠実な印象を与えた。 ・双方向性が確保されていた。 ・傾聴の姿勢があった。 【参加者の関心に関する指標】 ・問題・場に関心を待った。 （参加したいと思った） ・リスクを認知した。 ・解決したい課題と認識した。	【意見収集・質疑の指標】 ・場やアンケート等によって，参加者から意見が出た。 例１　問題解決・リスクマネジメントにおける改善点が出た。 例２　リスコミ（説明者・資料・場の設計）の改善点がでた。 ・参加者の疑問に応えた。 例１　質問が多く出た。 例２　質問に対し，適切な（論点にずれのない）回答が返された。 ・場やアンケート等で，参加者の満足度を調査した。 【参加者への精神的な効果の指標】 ・参加者が満足した。 ・参加者が十分発言できた。 ・参加者の過剰な不安が低減した。 ・参加者の過剰な油断が低減した。 ・参加者の精神的ストレスが緩和された。 ・参加者の主観的幸福度が向上した。 【参加者の知識の指標】 ・ハザードを理解した。 ・リスク，ベネフィットを理解した。 ・リスク評価を理解した。 ・リスク管理措置を理解した。 ・リスク管理の結果を理解した。 ・リスク対策が提案できるようになった。 【信頼関係の指標】 ・関係者間の信頼が向上した。 例１　価値観の共通点を見つけた。

<table>
<tr><th>フェイズ</th><th>各個人・社会影響</th><th>しくみ（プロセス）</th></tr>
<tr><td>指標の分類
具体的な指標</td><td>行動，対策などリスコミがもたらした指標（平常時）
結果の指標（リスクが顕在化した時，緊急時や事後）</td><td>リスコミの仕組み（プロセス）の指標</td></tr>
<tr><td>個人の
意思決定</td><td>【行動の指標】（平常時）
・リスクの回避，低減等のための行動をした。
例１　訓練への参加率が上昇した。
例２　リスクに備えた。
・リスクを選択した。

【リスク評価，管理側の指標】（平常時）
・リスク管理能力が向上した。
・対策やプロセスが変わった。
・意識が変わった。
・公平性や透明性が向上した。

【結果の指標】（リスクが顕在化した時，緊急時や事後）
・身体，精神的被害が軽減した。
・経済的被害が軽減した。
・行動に納得した。</td><td rowspan="2">【仕組みの指標】
・リスコミを担保する制度が存在する。
例１　人材を育成している。
例２　解決したい問題・目的（ゴール）が共有・継承される仕組みがある。
例３　継続のための予算が確保されている。
例４　リスク管理への参加の機会が確保されている。
例５　個人の意思決定への支援の仕組みがある。
例６　多様な選択が可能な仕組みがある。

・仕組みや管理措置の見直しが行われている。（ＰＤＣＡ）

（リスコミ）
例１　目的の妥当性
例２　ステークホルダーの範囲の妥当性
例３　方法の妥当性
例４　場の設計の妥当性
例５　説明ツール，資料の妥当性
例６　説明者・ファシリテーターの妥当性（説明の仕方など）
例７　リスク情報システムの整備，アクセシビリティの確保状況の妥当性

（リスク管理措置）
例１　定期的にリスク評価をしている。
例２　定期的にリスク評価方法を見直している。
例３　定期的にリスク管理方法を見直している。
例４　定期的にリスコミを行っている。</td></tr>
<tr><td>社会の
意思決定</td><td>【管理への影響の指標】（平常時）
・社会の意識が変わった。
例１　世論が変わった。
例２　広く問題提起された。
・リスクを選択した。
・リスク管理が実践または見直された。（社会基盤・行政措置・法制度が変更された）

【リスク評価，管理側の指標】（平常時）
・リスク管理能力が向上した。
・対策やプロセスが変わった。
・意識が変わった。
・公平性や透明性が向上した。

【社会，技術的な知見の指標】（平常時）
・知識が共有，活用された。
例１　関連する本の出版が増えた。
例２　関連するＷＥＢページが増えた。
例３　関連するイベントが増えた。
・新技術・知見への投資が拡大した。
・人材の育成への投資が拡大した。

【結果の指標】（リスクが顕在化した時，緊急時や事後）
・リスクが具体的に低減した。
・被害（人，経済）が軽減した。</td></tr>
</table>

説明書き
① 横の軸はリスコミの流れをイメージしており、もっとも右の列はリスコミを行う仕組み（制度）を表しています。
② 縦の軸は、対象を「個人」と「社会」の意思決定に分類してみました。「影響」の指標のみが異なります。
③ 例はワークショップで出されたそれぞれの分野での指標を一般化したものです。
④ 次の展開として、各分野（食品、防災、化学、放射線、原子力、食品安全等）に特徴的な言葉に置き換えることを考えています。
出所：日本リスク研究学会リスクコミュニケーションタスクグループ、日本リスク研究学会ホームページ
http://www.sra-japan.jp/cms/taskgroup/

参考文献

井上裕之（2011）「大洗町はなぜ「避難せよ」と呼びかけたのか：東日本大震災で防災行政無線放送に使われた呼びかけ表現の事例報告」『放送研究と調査』2011年9月号，pp.32-53.

大沼進（2014）「リスクの社会的受容のための市民参加と信頼の醸成」広瀬幸雄編著『リスクガヴァナンスの社会心理学』ナカニシヤ出版

独立行政法人科学技術振興機構科学コミュニケーションセンター（2014）「リスクコミュニケーション事例調査報告書」

神田玲子（2011）「東京電力福島第1原発事故におけるリスクコミュニケーション—現状と問題点—」福島県内で一定の放射線量が計測された学校等に通う児童生徒等の日常生活等に関する専門家ヒアリング（第2回）　配付資料
http://www.mext.go.jp/b_menu/shingi/chousa/sports/011/shiryo/__icsFiles/afieldfile/2011/06/21/1306865_2.pdf

吉川肇子（1999）『リスク・コミュニケーション—相互理解とより意思決定をめざして』福村出版

木下冨雄（2008）「リスク・コミュニケーション再考—統合的リスク・コミュニケーションの構築に向けて（1）」，日本リスク研究学会誌，Vol.18，No.2，pp.3-22.

木下冨雄（2016）『リスク・コミュニケーションの思想と技術—共考と信頼の技法』ナカニシヤ出版

地震調査研究推進本部（2010）『全国地震動予測地図2010年版』

製品評価技術基盤機構化学物質管理センター（2017）『化学物質管理におけるリスクコミュニケーションガイド』

土田昭司（2006）「安全と安心の心理と社会」日本リスク研究学会編『リスク学事典（増補改訂版）』阪急コミュニケーションズ

土屋智子・谷口武俊・盛岡通（2009）「原子力リスク問題に関する住民参加手法の評価—参加住民は何を重視するのか—」『社会経済研究』No.57，pp.3-16.

土屋智子（2011a）「リスクコミュニケーションの実践方法」平川秀幸・土田昭司・土屋智子著『リスクコミュニケーション論』大阪大学出版会

土屋智子（2011b）「リスクコミュニケーション成功のポイント」平川秀幸・土田

昭司・土屋智子著『リスクコミュニケーション論』大阪大学出版
中谷内一也（2008）『安全。でも安心できない：信頼をめぐる心理学』，筑摩書房
中谷内一也編著（2012）『リスクの社会心理学―人間の理解と信頼の構築に向けて』有斐閣
農林水産省ホームページ「健康に関するリスクコミュニケーションの原理と実践の入門書」
http://www.maff.go.jp/j/syouan/seisaku/risk_analysis/r_risk_comm/
文部科学省安全・安心科学技術及び社会連携委員会（2014）「リスクコミュニケーションの推進方策」（平成26年3月27日）
八木絵香（2009）『対話の場をデザインする―科学技術と社会のあいだをつなぐということ』大阪大学出版会
Covello V.（1989）Issues and problems in using risk comparisons for communicating right-to-know information on chemical risks. *Environmental Science and Technology*, 23（12）, pp.1444-1449.
Earle, T. C. & Cvetkovich, G.（1995）*Social Trust：Toward a Cosmopolitan Society.* Praeger Press.
Hance, B. J., Chess, C. & Sandman, P. M.（1989）Setting a context for explaining risk, *Risk Analysis*, 9, pp.113-117.
IAEA（International Atomic Energy Agency）（2012）*Communication with the Public in a Nuclear or Radiological Emergency*
Lundgren, R. E., & McMakin, A. H.（2018）*Risk Communication：A Handbook for Communicating Environmental, Safety, and Health Risks.* 6th edition. Wiley-IEEE Press.
National Research Council（1989）*Improving Risk Communication*, The National Academies Press. 邦訳：林裕造・関沢純（訳）（1997）『リスクコミュニケーション：前進への提言』化学工業日報社
Slovic, P.（1993）Perceived Risk, Trust, and Democracy, *Risk Analysis*, 13（6）, pp.675-682.
U. S. Environmental Protection Agency（EPA）（1988）*The EPA's Seven Cardinal Rules of Risk Communication.*

4 ポスト・ノーマルサイエンスとリスクコミュニケーション —科学知識の不定性からコミュニケーションを理解する

平川秀幸

《学習のポイント》 リスク問題への取り組みには科学が不可欠だが，科学は常に確かな答えを与えてくれるわけではない。より適切なリスクコミュニケーションを行うには，科学知識がはらむ「不定性」とコミュニケーションのあり方との関係を的確に理解することが不可欠であることについて理解する。

《キーワード》 ポスト・ノーマルサイエンス，知識の不定性，リスクコミュニケーションのデザイン，メタ多義性

1．ポスト・ノーマルサイエンスとしてのリスクコミュニケーションの科学

（1）リスクコミュニケーションにおける科学の特徴

リスクコミュニケーションにおいて科学が不可欠であるのはいうまでもない。リスクコミュニケーションやリスク管理の基本は科学的なリスク評価であり，科学なしには，そもそも何がハザード（危険因子）であり，どのようなリスクがあるかを知ることはできないし，どのようにそのリスクを管理したらよいのかもわからず，リスクコミュニケーションにおいて信頼できる知識や情報，指針を社会に伝えることもできない。

科学はさまざまなリスクが潜む暗闇を照らし出す光だといえる。

しかしながらリスクの問題について科学は，いつも力強い光を与えてくれるとは限らない。たとえば2020年3月にWHO（世界保健機関）がパンデミック宣言した新型コロナウイルス感染症（COVID-19）の経緯がそうであったように，新しいリスクの問題に直面した科学では，未知のことが多く，ある時点で正しいとされた知見が後に覆されたり，専門家の間でも見解が割れてしまったりすることが度々起こる。問題への対策は科学的知見に基づいて行われるが，対策内容を決定するまでに十分な客観的根拠が揃わないことも多い。

新しい問題に立ち向かう最前線の科学の研究も，これまでに大勢の科学者たちが積み上げてきた膨大な知識と技術，方法論に支えられており，だからこそ短い期間でもたくさんの事実が明らかになる。けれども最前線の科学は，明確な答えにたどり着くまでに，常に未知の事柄や不確実性にあふれており，誤る可能性が大きい。そもそも自分たちが何を知らないのかさえわからない「知られざる無知(unknown unknowns)」もありうる。もちろん，十分に確立された知識と技術で対応できるリスクの問題はたくさんあり，だからこそ現代社会の日常は守られている。しかし，新しい技術や新興感染症など人間社会が未経験のもの，あるいは既存の技術でも原子力発電所の事故のように社会で大きな問題となるケースでは，科学は不確かさを増し，また科学や技術だけでは解決できない社会的な問題も顕在化する。

(2) ポスト・ノーマルサイエンスとしてのリスクの科学

2009年から2018年までニュージーランド政府の首席科学顧問（Chief Scientific Adviser）を務めた医学者ピーター・グラックマン（Peter Gluckman）は，2014年3月13日発行の科学誌*NATURE*の寄稿で，それまでの5年間の首席科学顧問の経験を振り返って次のように述べている。

> 分かってきたのは，科学的助言者にとっての主要な働きと最大の挑戦は，明白な科学的問題ではなく，ポスト・ノーマルサイエンスと呼ばれるものを品質証明とする問題について助言することにある。それらの問題は，急を要し，社会的・政治的に高い懸念を伴うものである。問題に関係する人びとは，それぞれの価値観に応じた立場を強く主張し，科学は複雑で，不完全で不確実である。リスクやトレードオフについての多様な意味づけや理解が支配している(Gluckman, 2014)。

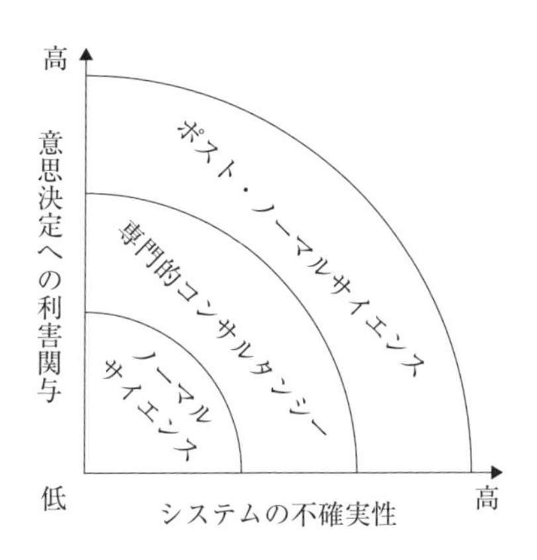

図4-1　ポスト・ノーマルサイエンス

ここに述べられているのはまさに上述のような科学の姿であり，それをグラックマンは「ポスト・ノーマルサイエンス (Post-Normal Science：PNS)」と呼んでいる。PNSは科学哲学者のジェローム・ラベッツ (Jerome Ravetz) とシルヴィオ・フントビッチ (Silvio Funtowicz) によって提案された概念であり，「PNSダイアグラム」と呼ばれる図4-1のように，「システムの不確実性の度合い」と「意思決定への利害関与の度合い」という二つの尺度によって，科学を用いた問題解決のアプローチが分類される(Funtowicz and Ravetz, 1992)。

「システムの不確実性」には，科学に内在するものだけでなく，科学が政治や経済など他のシステムと複雑に相互作用し，それぞれの振る舞いが予測・制御困難で不確かになっていることや，科学や技術をめぐる価値観の多様性や変動といった「倫理的不確実性」も含まれる。「意思決定への利害関与」とは，科学に基づいて行われる意思決定が社会に及ぼす影響力の大きさを意味している。

ラベッツらによれば，不確実性と利害関与の度合いが共に低い問題は，既存の科学知識や方法論を応用する「ノーマルサイエンス（または応用科学)」によって処理できる。しかし，二つの尺度のいずれかまたは両方が中程度の問題を扱うときは，型通りの解決法だけでは足りず，専門家としての経験で身についたスキルや臨機応変の判断力による「専門的コンサルタンシー」の出番となる。さらに不確実性が高く，価値・利害の対立が大きい問題を扱う場合には，科学者だけでなく，利害関係者等も含めた「拡大されたピア集団（extended peer community)」を構成し，そこでの熟議を通じて問題解決を図るポスト・ノーマルサイエンスのアプローチが，上記二つのアプローチに加えて必要となる。

（3）リスクコミュニケーションにおけるポスト・ノーマルサイエンス概念の意義

ポスト・ノーマルサイエンスの概念は，科学が関わる問題の中に，科学だけでは解決できない問題があることを示すものであるが，リスクコミュニケーションにとってそれはどのような意義があるのだろうか。

先にも述べたようにリスクの問題を解決するには科学的なアプローチが不可欠である。たとえ微かだとしても，科学が照らす光なしには，無知の闇の中で人間は闇雲に動き回るばかりになってしまう。

これは紛れもない真実だが，しばしばリスク問題を扱う政策決定の場では，この真実のイメージが独り歩きしてしまい，あたかも不確実性や社会的利害の影響のないノーマルサイエンスだけで解決できるかのように問題が扱われてしまうことがある。リスクコミュニケーションの場面でも，そうやって政府とその専門家集団が下した結論が客観的な「唯一解」とされ，市民がそれを理解し受け容れるよう促すだけの説得的・教化的なコミュニケーションに終始してしまうことも少なくない。

もちろん，扱う問題が実際にノーマルサイエンスで処理できるものであれば，このようなアプローチでも問題はない。むしろ，政策の決定・実施の「効率性」という観点からは望ましいともいえる。しかしながら，不確実性が高く，社会的利害の関与も大きい場合には，不正確なリスク評価や効果的でないリスク管理が行われる恐れが大きくなり，政府やその専門家集団に対する不満や不信感も高まって，リスクコミュニケーションもこじれてしまいがちである。

ポスト・ノーマルサイエンスの概念には，そのようにノーマルサイエンスの次元に囚われがちなリスク問題の政策決定やコミュニケーションの場において，それだけでは解決できない問題の次元を切り開くことによって，より的確なリスクの評価や管理を可能とし，信頼と納得を促すコミュニケーションの実現に寄与する実践的な意義があるということができる。

ただし，実際に政策決定やリスクコミュニケーションの改善に役立てるには，ポスト・ノーマルサイエンスの概念は抽象的すぎる。そこで次節では，より具体的にリスク問題に含まれる不確実性や社会的利害の問題群を腑分けする目安となる「科学知識の不定性」の概念を紹介しよう。

2. 科学知識の不定性とその分類

「不定性（incertitude)」とは，知識の「不確かさ」を表すものだが，知識の不足や不完全さによる通常の意味での「不確実性」よりは広い概念である。ポスト・ノーマルサイエンスの図式でいえば，ノーマルサイエンス（応用科学）の四分円の外側全体に対応するものであり，社会的利害や価値観の違いによる「定まらなさ」も含まれる。その分類法にはさまざまなものがあるが（山口，2011；吉澤，2015)，ここではアンドリュー・スターリング（Andrew Stirling）による分類（Stirling，2010；中島，2017；吉澤ほか，2012）と，国際リスクガバナンス・カウンシル（International Risk Governance Council：IRGC）の報告書（IRGC，2005）での分類の二つを紹介する。

（1）スターリングによる不定性の分類

①不定性マトリックス

まずスターリングは，ある事象に関する知識を，どのような事象が起こり得るか，あるいは起こり得た／起こったかに関する知識（事象に関する知識）と，その事象が起こる確率あるいは確からしさについての知識（蓋然性に関する知識）の組み合わせとして定義する。前者は事象についての定性的知識，後者は定量的知識と言うこともできる。また，ここでいう「知識」には，自然科学だけでなく，人文・社会科学や人びとが日常文化の中で継承・醸成している知識一般（常識，経験知，生活知など）も含まれる。そのうえで，そうした知識の不定性を，図４-２のような「不定性マトリックス（Incertitude Matrix)」によって，「リスク」「不確実性」「多義性」「無知」の四つのタイプ（領域）に分類している。

マトリックスの横軸は，事象に関する知識について人びとの間でどの程度共通見解が成立しているか，とくに，事象のさまざまな側面の中でどのような問題に着目するかという「フレーミング（問題の立て方，切り取り方，問題設定：第5章参照）」の違い・多様性の尺度である。縦軸は，蓋然性に関する知識について人びとの間でどの程度共通見解が成立しているかの尺度である。いずれの尺度も，「問題なし」ならば共通見解が成り立っており，「問題あり」ならば，共通見解が成り立っておらず，論争があるということを意味している。

また，このような尺度の定義から分かる通り，不定性マトリックスが表しているのは，知識の客観的な妥当性の程度ではなく，人びとが各々知識の妥当性をどう解釈し，その解釈に合意があるかないかという間主観的もしくは社会的な状態である。

事象に関する知識と蓋然性に関する認識が共に「問題なし（論争がない／共通見解が成立している）」の場合，つまり知識の不定性がない場

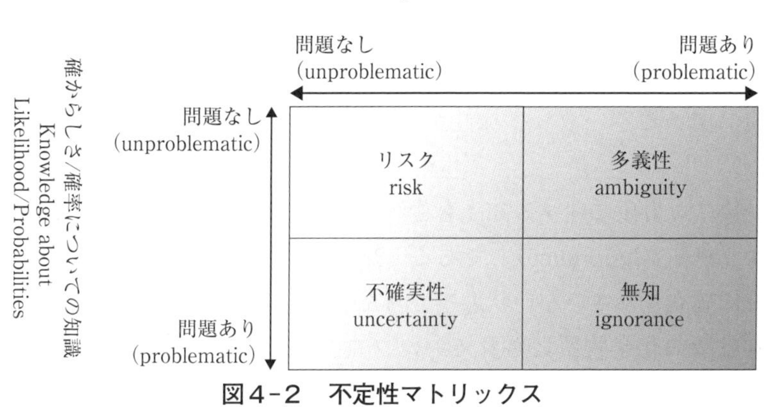

図4-2　不定性マトリックス

合は「リスク」の領域に分類される。ポスト・ノーマルサイエンスの枠組みでは「ノーマルサイエンス」に相当するものであり，確立された既存の知識や方法で問題に対処できる。具体例としてスターリングは，十分に整備された統計に基づく通常の交通事故や洪水の予測，よく知られた感染症の治療などを挙げている。

事象に関する知識は「問題なし」でも，蓋然性に関する知識が「問題あり（論争がある／共通見解が成立していない)」の場合は，知識の不定性は「不確実性（uncertainty)」の領域にある。具体例としては気候変動による洪水の予測や，健康リスクにおける感受性に個人差がある場合などがある。

事象に関する知識は「問題あり」だが，蓋然性に関する知識は「問題ない」場合は，不定性は「多義性（ambiguity)」となる。具体例としてスターリングは遺伝子組換え作物の商業栽培という事象を挙げている。これは，既に起きた事象であるという意味で発生確率が確定している（確率＝１）が，次章でも取り上げるように，その問題をどう解釈するかは，人体や環境に対する安全問題として考えるのか，巨大アグリビジネス（農業関連企業）と小規模農家の格差問題や生命特許問題として考えるのかなど多様である。そうした問題設定（フレーミング：第５章参照）や専門分野の適切さが問われるとともに，倫理や公正さなど価値規範に関わる不一致・多様性が顕在化するところに多義性の特徴がある。

最後に，事象に関する知識も蓋然性に関する知識も「問題あり」の場合が「無知（ignorance)」である。知識がほとんど存在しない状態から十分に確立されていない状態まで含んでいる。たとえば，実用化された当初は夢の化学物質とされていたフロンガスの安全性についての知識は，オゾン層破壊というリスクが知られるようになるまでの長い間，無知の状態にあった。また畜産業で牛に肉骨粉を給餌することの安全性についての知識も，それが牛海綿状脳症（BSE）の拡散要因であると知られる以前には無知の状態にあった。いずれも，当初は事象の認識も発生確率の理解も，「何も悪影響はない」，「確率はゼロである」ということが共通見解となっていたという意味で「リスク」の領域にあるものと見做されていた事案が，後に「無知」の領域にあると判明した事例になっている。

②不定性マトリックスの実践的意義 — 反省を促す発見法

１.（３）でも指摘したように，政策決定やリスクコミュニケーションの場では，あたかも「ノーマルサイエンス」——スターリングの用語では「リスク」——の領域に収まるかのように問題が扱われ，そうやって導かれた政府やその専門家の見解が「唯一解」とされてしまうことがしばしば起こる。不定性マトリックスは，このような場面において，切り捨てられた不定性に光を当て，確かなものと不確かなものを弁別し，より適切な問題の理解や解決に向けたリスク評価やリスク管理，コミュニケーションを導くためのツールであるということができる。

実際，スターリングが不定性マトリックスを構想したのは，彼自身が直接経験したそのような状況に対処するためであった。エネルギーや化学物質，遺伝子組換え作物などについて英国政府や欧州委員会の審議会委員を務める中で，スターリングは度々，不定性を切り捨て，政府の公式見解を唯一解として正当化しようとする「圧力」が働いていることを経験してきたという（スターリング，2017）。リスク問題に関する政策決定やコミュニケーションが行われる場は，科学的検討が行われると同時に，さまざまな利害が渦巻く政治的な「権力の空間」だということだ。不定性マトリックスは，そのように不定性を封じ込め（“closing down”）ようとする圧力に抗して，問題となる知識がどのような不定性をはらみ，リスク評価やリスク管理，リスクコミュニケーションにとってどのような意味をもつかを討議する場を切り開く（“opening up”）ためのツールとして構想されたのである。その意味でマトリックスは，不定性の単なる分類法ではなく，「反省を促す発見法（heuristics)」であり，物事を多角的に検討する議論を喚起し活性化する「触媒」なのである（ibid.)。

（2）国際リスクガバナンス・カウンシルによる不定性の分類

①不定性によるリスク問題の分類

次にIRGCの報告書では，知識の不定性として，表4-1のように「複雑性」「不確実性」「多義性」という三つのタイプをあげ，リスク問題を「複雑な／不確実な／多義的なリスク問題」と分類している。いずれの不定性もない場合は「単純な（simple）リスク問題」と呼ばれている。ポスト・ノーマルサイエンスの枠組みでは「ノーマルサイエンス」に，スターリングの不定性マトリックスでは「リスク」に相当する。

まず「複雑性」とは，表4-1に列挙したような要因によって，因果関係を特定し定量化するのに困難があるような状況である。多種類の有害化学物質の相乗効果がもたらすリスクや，多数の部分から構成される巨大構築物の故障リスクなどは複雑なリスク問題の好例である。

次に「不確実性」は，表4-1に列挙したような要因によって，因果関係に関する知識に不完全さ・不確かさがある状況であり，しばしば因果関係をモデル化する際の複雑性の縮減が不完全または不適切な場合に見られる。具体例としては，地震など自然災害，大量の汚染物質による統計的有意性の水準以下の健康影響，遺伝子組換え作物を開放系で栽培することによる長期的な環境影響などがある。

表4－1　IRGC（2005）による不定性の類型

<table>
<tr><td>複雑性</td><td colspan="2">問題となっている事象を構成する多数の要素間の複雑な相互作用（相乗効果や拮抗作用）や，長期の影響発現期間，個体差，介在変数（生活様式，環境要因，心身相関的影響等）などが存在することによって，因果関係を特定し定量化するのが困難な状態。</td></tr>
<tr><td>不確実性</td><td colspan="2">影響に対する脆弱性の違いによる被影響者の個体差，因果関係のモデル化における系統的ないしランダムな誤差，非決定性や確率的効果，制限のあるモデルあるいは限られた数の変数・パラメータに注目する必要から生じる対象系の境界づけの仕方（どの要因や影響関係，変数を対象の範囲とするか，何を除外するか），知識の不足または不在による無知によって，因果関係に関する知識に不完全さがある状態。</td></tr>
<tr><td rowspan="3">多義性</td><td colspan="2">起こりうる結果を定義するうえで，何が適切な価値や優先順位，前提，影響範囲の境界画定なのかについて，有意味かつ正当な解釈が複数ある状態。</td></tr>
<tr><td>解釈的多義性</td><td>同一のリスク評価結果に対して解釈が異なる。（ある結果を悪影響と見るか否か，など）</td></tr>
<tr><td>規範的多義性</td><td>有害と解釈されたリスクを受容できるか否かについて，倫理観，生活の質（QOL），リスクと便益の配分の公平性などさまざまな観点に照らして，判断が異なる。</td></tr>
</table>

最後に「多義性」は，同じリスク評価の結果に対して有意味かつ正当な解釈が複数生じている状態であり，「解釈的多義性（interpretative ambiguity）」と「規範的多義性（normative ambiguity）」がある。解釈的多義性は，同じリスク評価の結果に対して，たとえば，その結果を「悪影響がある証拠」と見るのか否かをめぐって複数の解釈が競合していることである。これに対して規範的多義性は，「悪影響あり」と解釈されたリスクについて，その受容（受忍）可能性をめぐって，倫理観，生活の質（Quality of Life：QOL）への影響，リスクと便益のバランスの観点から判断が分かれる場合を指している。いずれの多義性も，解釈や判断の前提にある価値観や優先順位づけ，仮定，あるいは起こりうる帰結の範囲をどこまで定めるか（たとえば遺伝子組換え作物の商業利用の影響範囲を人間の健康影響に留めるか，環境影響まで含めるか等）な

どについて見解が分かれる場面で顕在化する。こうした場面は，とくに複雑性や不確実性が高い問題で見られやすい。これらの不定性が高いときには，リスクや不確実性の受容（受忍）可能性や，リスクと便益の比較など価値判断を含む問題が顕在化しやすいからである。また単純なリスク問題であっても，受容（受忍）可能性などが問題になり，多義性を帯びることがある。IRGC 報告書では，解釈的多義性が顕著な問題例として低線量放射線や低濃度の遺伝毒性物質，栄養補助食品，ホルモン肥育牛を挙げ，規範的多義性が顕著な問題例として受動喫煙，出生前診断，遺伝子組換え食品を挙げている。

② IRGC による不定性の分類の実践的意義

スターリングの不定性マトリックスと同様に，IRGC の分類も不定性を正面から討議するための場を切り開くための「反省を促す発見法」，議論を喚起・活性化する「触媒」として考えることができる。不定性マトリックスが，唯一解の正当化に閉じこもろうとする政府等の支配的な見解に異を唱え，不定性の議論を切り開こうとする「批判者」のためのツールとして構想されてきたのに対し，IRGC の分類は，リスク評価，リスク管理，リスクコミュニケーションといったリスクガバナンスのプロセス全体を系統的にデザインし運用する「リスク管理者」のために構想されているということができる。

3. 知識の不定性とリスクコミュニケーションのデザイン

上述のように，スターリングの不定性マトリックスも IRGC の分類も，より的確なリスク評価やリスク管理，リスクコミュニケーションを行うためのツールとして理解することができるが，それは具体的にはどのようものなのだろうか。ここでは，より体系的なIRGCの議論から，不定性の違いに応じて，誰に対して，どのような内容ややり方のコミュニケーションを行うのがよいのか，そのデザインを示す。表4-2は，IRGCの分類（IRGC, 2005：51f）に基づいて，リスクコミュニケーションのうちで，とくに双方向的・対話的に行われる「討議」とその目的，参加者の範囲，討議には直接参加しない社会一般の人びととのコミュニケーションの様式を，不定性のタイプごとに整理したものである。

（1）単純なリスク問題のコミュニケーション

まず「単純」なリスク問題の場合は，リスクの評価や管理の仕方が十分に確立しており，これを適用してリスク削減措置を関係者が協力して実施するための「手段的討議（instrumental discourse）」が行われる。ただし，単純に見える問題が後に複雑，不確実，多義的であると判明することもあるため，定期的に再検証することも必要だ。また，この討議に参加するのは規制当局，執行機関職員，直接的な被影響者（リスクのある製品等の製造・供給者や直接リスクに暴露する個人等）などで十分であり，その他の幅広いステークホルダーが参加する必要はない。社会一般に対してはケア・コミュニケーションが行われる。

（2）複雑なリスク問題のコミュニケーション

複雑なリスク問題に対しては，認識の不一致を解消し，リスクの特性について最良の評価を行うための「認識論的討議（epistemological discourse）」が行われる。単純な問題の場合の参加者に加えて，科学的見解を異にする専門家や有識者が学術界，政府，産業界，市民社会から集められ，リスクの受容あるいは受忍の可能性の判断やリスク管理の仕方についても討議される。市民社会からも集めるのは，たとえば干潟の

表4-2　知識の不定性とコミュニケーションの様式

不定性	討議のタイプと目的	討議の参加者	社会一般とのコミュニケーションの様式
単純	手段的討議（instrumental discourse） ・リスク削減措置の協力的実施。 ・潜在的な不確実性等がないかを定期的に再検証。	規制当局，直接的関係者，執行機関職員など	ケア・コミュニケーション
複雑	認識論的討議（epistemological discourse） ・認識の不一致を解消し，リスクの特性について最良の評価を行う。 ・受容可能性／受忍可能性の判断やリスク管理を考慮。	上記プラス科学的見解を異にする専門家・有識者一般	ケア・コミュニケーション
不確実	反省的討議（reflective discourse） ・潜在的な破滅的影響を避けるために，どこまで安全性を高めるために費用をかけるかに関する合意を形成。 ・規制・保護の過剰／過小も吟味。 ・どれくらいの不確実性や無知なら受容できるかも判断。	上記プラス政策立案者，主要な利害関係集団（産業，直接的被影響者）の代表	ケア・コミュニケーション
多義的	参加的討議（participative discourse） ・競合する議論や信念，価値観についてオープンに討議。 ・共通の価値，各自の「善き生活」を共に実現できる選択肢，公正な分配ルール，共通の福祉を実現する方法を追求。	上記プラス一般市民	ケア・コミュニケーション コンセンサス・コミュニケーション

埋立工事が，そこを利用する野鳥や他の生物にどのような影響をもたらすか，どの程度の影響なら受容できるか，どのようにリスク管理したらよいかに関しては，関連する科学分野の専門家の知識だけでなく，その地域で活動している野鳥観察愛好者や漁業者の知識が役立つことがあるからだ。社会一般に対してはケア・コミュニケーションが行われる。

(3) 不確実なリスク問題のコミュニケーション

不確実なリスク問題では，潜在的な破滅的影響を避けるために，どこまで安全性を高めるために費用をかけるかに関する合意形成を目的とする「反省的討議（reflective discourse)」が行われる。規制が過剰であることで生じる不利益（イノベーションの停滞など）の可能性と，過少であることで生じる不利益（健康等に対する被害の発生）の可能性が比較考量される。またリスク論の伝統的問いである「どれだけ安全なら十分に安全か（How safe is safe enough?)」だけでなく，「主要な関係者たちは，所定の便益と引き換えに，どれくらいの不確実性や無知を受け容れる意志があるのか」(ibid：52）も問われる。これらの問いは，事実に関する認識上の問いだけでなく価値判断も含むため，討議には政治家や行政官など政策立案者や，主要な利害関係集団（産業，直接的被影響者）の代表も参加する。社会一般に対してはケア・コミュニケーションが行われる。

(4) 多義的なリスク問題のコミュニケーション

最後に多義的なリスク問題では，リスクと便益に関する賛否の意見の比較考量を行い，リスクの評価や管理のあり方をめぐって競合するさまざまな立場の期待を調停し合意形成するための「参加的討議（participative discourse)」が行われる。多義性の要因となっている競合する議論や信念，価値観についてオープンに討議し，共通の価値，各自の「善き生活」を共に実現できる選択肢，公正な分配ルール，共通の福祉を実現する方法を追求する。これらの議論を行うために，参加者の範囲はリスク問題の中で最も広く，直接的な被影響者だけでなく，議論に貢献しうる意見等を有する間接的な被影響者も含まれる。社会一般に対しては，他の問題と同様にケア・コミュニケーションが中心となるが，多様な意見を集めるために，市民パネルやコンセンサス会議など一般市民参加型の討議の場を設けることによって，コンセンサス・コミュニケーションを進めることもある。

なお，あるリスク問題に関する知識の不定性は，必ずしもいずれか一つのタイプに限定されるわけではない。先に述べたように，複雑性や不確実性が高い問題では，同時に多義性を伴うことがある。問題自体が，複数の部分的問題からなる複合的なもので，それぞれの部分的問題ごとに知識の不定性が異なることもある。たとえば2020年にパンデミックとなった新型コロナウイルス感染症でいえば，ウイルスを検出するPCR検査の知識や技術は確立されたノーマルサイエンスの事柄として扱うが，次々と現れる新しい変異株の性質や病態については不確実性や複雑性のあるものとして扱う。また社会経済的な影響との間にトレードオフのある感染拡大抑制策の問題は，立場によって評価が異なるものであり，多義的な問題として扱わねばならない。このような場合には，不定性のタイプに応じたコミュニケーション（手段的討議，認識論的討議，反省的討議，参加的討議など）を組み合わせて対応する必要がある。

(5)〈メタ多義性〉への対応―「唯一解」の囚われを超えて

リスクコミュニケーションをデザインするにあたって知識の不定性について検討する際には，同一のリスク問題に関して，不定性のタイプの認識そのものが関係者の間で一致しておらず，対立が顕在化しているような「メタ多義性」に注意を向けることも重要である。たとえば政府や政府に助言する専門家集団が「単純」（IRGC）あるいは「リスク」（スターリング）と見ている問題について，不確実性を疑わせる証拠があることから異を唱える別の専門家集団がいたり，市民の間に政府に対する不信感があり，政府の見解をそのまま受け容れられなかったりといった状況は極めてありふれている。むしろ，そのようなメタ多義的な状況こそ，リスクコミュニケーションの出番だともいえるだろう。

しかしながら実際の政策決定やリスクコミュニケーションの場では，この状況は覆い隠されがちである。1．（3）では，政府やその専門家が下した結論が客観的な「唯一解」として押し付けられる傾向を指摘したが，これは不定性の存在を切り捨てることであると同時に，不定性についての他の解釈の仕方を誤解や無知によるものとして否定し，メタ多義性の存在を切り捨てる行為でもある。

このような状況を打破ないし回避し，不定性やその解釈の多義性を正面から討議するための場を切り開くためにはどうしたらよいか。これについてIRGCの報告書では，メタ多義性を正当に扱うためには，意思決定プロセスの最初の段階（リスク評価を行う前段階）で，リスク評価者，リスク管理者，主要な利害関係者（産業界，NGO，関連する政府機関の代表者など）からなる「スクリーニング・ボード」を設置し，不定性に関するリスク問題の分類作業を行うのがよいとして，この討議を「デザイン討議（design discourse)」と名づけている（IRGC, 2005：52-53)。広く社会に向けてリスクコミュニケーションを行う場合でも，政府や専門家が正しいと考える見解を一方的に伝えるのではなく，まずはメタ多義性を考慮して，認識のすり合わせを促すような丁寧なコミュニケーションが求められるだろう。たとえばスクリーニングボードでの議論を公開し，その中で，各々異なる不定性の認識の背景にある懸念事項や疑問，裏付けとなっている証拠や証言，知識・情報が議論の俎上に載せられ，公正に検討されていること，最終的な結論がそのようなプロセスを経て導かれたことを示すことで，納得と信頼を得るよう努めることが考えられる。

言うまでもなく，メタ多義性を解消し，不定性を特定する作業は，意思決定プロセスの初期段階で完結するわけではない。新たな事実や不確実性が明らかになり，再検討しなければならないこともある。そのため，デザイン討議やそれに基づくリスクコミュニケーションは，プロセス全体を通じて維持されることが望ましい。

4. おわりに

以上で見てきたように，ポスト・ノーマルサイエンスの概念や不定性の分類は，政策決定やリスクコミュニケーションの場でしばしば封じ込められてしまう不定性やメタ多義性に光を当て，確固とした科学的アプローチで対処できる問題とそうではない問題を弁別し，より適切な問題の理解や解決に向けた討議やコミュニケーションを行うためのツールとして活用できる。

そこで基本となるのは，先にも述べたように，メタ多義性を正当に認識することである。リスク評価やリスク管理にしろ，リスクコミュニケーションにしろ，リスク問題が扱われる場は，さまざまな集団，組織，個人が各々の期待や懸念，知識や情報，利害関心，価値観，信頼と不信，確信と疑念をもとに問題を解釈し，それら視点が競合する「視点の複数性」の空間，「闘争的（agonistic）」な場である。それら視点には，誤解や無知に基づくものもあるだろうが，的確な問題の理解や解決に寄与しうるものもあるだろう。その中で政府や専門家はどうやって人びとの疑念あるいは誤解を払拭し，納得と信頼を得られるのか，逆に，政府の公式見解に疑いや反論のある批判者たちはどうやって異議申し立てや問題提起を行えるのか。そのために為すべきことはたくさんあるが，まずは問題に取り組む出発点から，視点の複数性を正当に受け止め，不定性とそのメタ多義性をオープンかつ真摯に検討し，解消していくための討議やコミュニケーションを丁寧に行うことから始めるべきだろう。

参考文献

スターリング，アンドリュー（2017）「『不定性マトリックス』の舞台裏」，本堂毅ほか編『科学の不定性と社会―現代の科学リテラシー』，信山社：pp.192-198.

中島貴子（2017）「『科学の不定性』に気づき，向き合うとは」，本堂毅ほか編『科学の不定性と社会―現代の科学リテラシー』，信山社：pp.107-121.

山口治子（2011）「リスクアナリシスで使用される『不確実性』概念の再整理」，『日本リスク研究学会誌』21（2）：pp.101-113.

吉澤剛（2015）「科学における不定性の類型論：リスク論からの回帰」，『科学技術社会論研究』11号：pp.9-30.

吉澤剛，中島貴子，本堂毅（2012）「科学技術の不定性と社会的意思決定―リスク・不確実性・多義性・無知」，『科学』82巻7号：pp.788-795.

Funtowicz, S.O. and Ravetz, J.R. (1992) "Three Types of Risk Assessment and the Emergence of Post Normal Science", in Sheldon Krimsky and D. Golding (eds.), *Social Theories of Risk*, Praeger, 1992：pp.251-273.

Gluckman, Peter (2014) "The art of science advice to government", *Nature* 507, pp.163-165 (13 March 2014).

IRGC (2005) "Risk Governance：Towards an integrative approach", IRGC White Paper No 1, International Risk Governance Council (IRGC), Geneva, Switzerland.

Stirling, Andrew (2010) "Keep it Complex", *Nature*, Vol. 468：pp.1029-1031.

5　リスクコミュニケーションにおけるフレーミングの役割

平川秀幸

《学習のポイント》 リスク論争などコミュニケーションのすれ違いは，無知や誤解によってだけでなく，何をどのように問題とするかという「フレーミング」の違いによっても生じる。本章では，二つのリスク論争の事例を通じて，リスクコミュニケーションにおいてフレーミングとその多義性に着目する意義を理解する。
《キーワード》 リスク論争，フレーミングとその多義性，欠如モデル，遺伝子組換え作物，福島第一原発事故，リスク認知

1．リスクコミュニケーションとフレーミング

(1) フレーミングの多義性への着目

前章では，ポスト・ノーマルサイエンスの概念を出発点にして，科学知識に内在する不定性とコミュニケーションのあり方との関係を，スターリングの不定性マトリックスや国際リスクガバナンス・カウンシル(IRGC) の分類法を例にして見てきた。どちらの分類でも，さまざまある不定性のタイプのうち，「多義性」や「メタ多義性」は，リスク問題に関わる集団・組織・個人が，それぞれ異なる期待や懸念，知識や情報，利害関心，価値観，優先順位などに基づいて問題を解釈・判断していることによって生じるものである。このような「視点の複数性」から生じる多義性は，すべてのコミュニケーションにとって大前提となる現

実であるとともに，コミュニケーションを通じて取り組まなくてはならないすれ違いや対立の原因でもある。それについて理解を深めることは，リスクコミュニケーションにとって大きな意義があるといえる。

こうした多義性について理解を深めるために本章では，とくに「フレーミング（framing）」とその多義性に着目する。フレーミングとは，ある問題を，どのような知識や価値観，評価基準によって定義し解釈・評価するかという問題設定の仕方である。リスク問題の場合であれば，何を対処すべき重大なリスク問題と考え，それをどのような種類の問題（健康影響，環境影響，社会経済的影響，制度的問題，倫理的問題など）として定義するかを決定している。

また，フレーミングが「多義的である」とは，第一に，問題が多面的・複合的で，一つの問題について複数の観点からフレーミングできること，第二に，それらフレーミングのうち，どれを重視し，問題をどのように解釈・評価するかが集団・組織・個人によって異なるということである。

（2）リスク論争を理解する―〈欠如モデル〉を超えて

論争などリスクコミュニケーションのすれ違いは，しばしばこの多義性によって生じている。一般に論争は「正しい答え」をめぐる対立だが，真の対立はしばしばフレーミングの違いにあるのである。シーラ・ジャザノフは次のように述べている。「同じ問題に対する正しい答え方に関する不一致は，そもそも何がその問題の正しいフレーミングなのかに関するより深い不一致を反映している（Jasanoff, 1996）」。

同じことは，専門家同士ではなく，非専門家である一般市民が論争の当事者である場合にもあてはまる。そうした場合には往々にして，市民の不安や反対は無知によるものだという「欠如モデル」（第1章参照）

の見方をされがちだが，必ずしもそれが当てはまるとは限らない。その理由には，知識や情報などリスクメッセージの送り手に対する不信感（信頼できない相手が言うことは信用できない）などさまざまあるが，専門家等とのフレーミングの違いもその一つなのである。

次節からは，このようなフレーミングの多義性が顕著な二つのリスク論争の事例を紹介し，リスクコミュニケーションにおいてフレーミングとその多義性に着目することの重要性を考えてみる。

2. 遺伝子組換え作物をめぐるフレーミングの多義性

（1）歴史的な教訓事例としての遺伝子組換え作物論争

一つ目の事例は遺伝子組換え（Genetically Modified：以下 GM）作物をめぐる論争である。1990 年代後半から 2000 年代初頭に活発だった GM 作物論争は，不確実性とともにフレーミングの多義性が顕著な事例の典型であり，歴史的教訓事例ともいえるものである。背景も含めて詳しく見ていこう。

1996 年に本格的な商業栽培が始まった GM 作物は，世界各地で栽培面積を拡大し，2019 年には 29 カ国（内，開発途上国が 24 カ国，工業先進国が 5 カ国）で栽培され，さらに 42 カ国が食品，飼料，加工のために輸入している（ISAAA，2019)。しかしながら，その安全性に対する不安や不信は根強く，とくに導入から間もない 1990 年代後半から 2000 年代前半は，欧州を中心に消費者や環境保護家，小規模農家などによる反対運動が世界に広がった。これに対して各国の政府や，GM 作物の研究開発・商業利用に携わる専門家や産業界は，GM 作物の安全性を訴えるための広報活動や科学リテラシー向上のための取り組みを盛んに行った。

GM 論争を通じて，こうした欠如モデルに基づく知識啓蒙型のコミュニケーションが奏功することはほとんどなかった。実際，一般市民が有する科学知識の水準とGM作物に対する態度の間には，「知れば知るほど肯定的になる」といったような正比例の関係はなかったことや，むしろ知れば知るほどより懐疑的になったり賛否両論に分極したりする傾向があることが，一般市民の科学リテラシーを調べた世論調査のデータの詳細な分析から明らかになっている（Gaskell at al., 1999；Martin and Tait, 1992；Gaskell et al., 1998）。GM作物に対する態度の決定要因は，科学の知識の多寡とは別にあるということである。

（2）欧州市民はGM作物の問題をどのようにフレーミングしたか

① GM作物に対する欧州5カ国市民の認知に関する調査

GM作物に対する市民の態度を決定する要因として重要なものの一つがフレーミングである。これを示す研究調査の例として，1998年から1999年に英国，フランス，ドイツ，スペイン，イタリアの5カ国で「一般市民」を対象に行われた調査「欧州における農業バイオテクノロジーに関する一般市民の認知（Public Perceptions of Agricultural Biotechnologies in Europe：PABE）」（Marris, 2001）の結果の一部を紹介しよう。ここで一般市民とは，GM作物の研究開発，食品加工，販売，規制に関わる組織や個人（バイオテクノロジー企業，種子企業，食品企業，政府の規制機関，研究者，政治家など）や，GM作物・食品をめぐる社会的論争に参加し発言している組織や個人（研究者，環境NGO，消費者NGO，農業団体など）といった人々（「ステークホルダー」）以外の人々を指す。PABEでは，上記5カ国の一般市民を対象にフォーカスグループの手法で調査を行った。調査では各国それぞれ11グループ（1グループ当たり6～11人）で2時間の討論を計14回行ってもらい，そこから参加者がGM作物についてどんな問題を重視しているかを分析した。参加者の多くは，GM 作物に対する賛否については両義的な態度であり，明確な意見ではなく，むしろさまざまな疑問を挙げながら議論していたという。それらをまとめたものが表5-1の「問い」である。

この結果から直ちにわかるのは，本書が対象としている健康や環境に関するリスクの問題であっても，人びとの関心は，被害の内容や程度，発生確率といった自然科学的理解を必要とする問題以上に，科学技術の産物が開発され利用される制度的な文脈に関する「社会的・規範的問題」に向けられているということである。実際，1.の必要性や便益に関する問いは，GM 作物の特性に関する科学的・技術的な理解も必要だが，たとえば「『必要である』とは誰のどんな目的のためなのか，その目的は自分たちにとって支持できるものなのか」など，科学技術を超えた疑問も含まれている。2.以下も，利益分配の公平性（2.），意思決定の正統性（legitimacy）（3.），知る権利や選択の権利の保障（4.，5.），規制当局の管理能力に対する信頼性（6.，7.），リスク評価者の能力や誠実さ，メンバーシップの適切さ（8.），リスク評価項目に関する規制当局の規定の十全性（9.），不確実性についての配慮の十分さ（10.），被害発生時の救済策や責任のあり方（11.，12.）などの社会的・規範的な問いが並んでいる。

② GM 作物論争の前史としての BSE の経験

ここで重要なのは，これらの問いは，単なる主観的・感情的な反応ではなく，ある種の知識に基づいていたことである。ただしその知識は，市民が身につけるべきだと専門家たちが考えるような遺伝子組換え技術に関する科学的知識ではなく，次の三種類の経験知だと PABE の報告書は指摘している。

表5-1　一般市民が遺伝子組換え生物（GMO）に抱く主要な疑問

1．なぜGMOが必要なのか？その便益は何か？
2．GMOを利用することで誰が利益を得るのか？
3．GMOの開発は誰がどのように決定したのか？
4．GM食品が商業化される前に，なぜわれわれはもっと良い情報を与えられなかったのか？
5．なぜ私たちは，GM製品を買うか買わないかを選ぶもっと効果的な手段を与えられていないのか？
6．規制当局は，GM開発を進める大企業を効果的に規制するのに十分な権能を備えているのか？
7．規制当局による管理は有効に運用できるのか？
8．リスクは真剣に評価されているのか？誰がどのようにそれを行っているのか？
9．長期的な潜在的影響は評価されているのか，それはどのようにしてか？
10．解消できない不確実性や無知は，意思決定のなかでどのように考慮されているのか？
11．予見されない有害な影響が生じた場合の救済策にはどんな計画が立てられているのか？
12．予見されなかった被害が生じたときには誰が責任を負うのか，どうやって責任を取るのか？

- 昆虫や動植物に関する非専門家の知識（「ハチは農地から農地へと飛び交う」など）。市民は，これらの知識が専門家たちの科学的議論でしばしば無視されたり曖昧にされたりしていると考えていた。
- 日常経験に由来する，人間の誤りやすさ（可謬性）についての知識。公式のルールや規制は，どれほどよく意図されたものであっても，現実の世界では十全に適用できないことを示している。
- 技術革新やリスクに関する開発や規制を担う機関の過去の振る舞いについての知識。

報告書によれば，これらのうちで，フォーカスグループ参加者たちの議論で最も支配的だったのは三つ目の知識だった。とくに引き合いに出されたのは牛海綿状脳症（BSE）の経験である。1986年11月に英国で初確認されたBSEは，当初から人間への感染リスクが懸念されていた。これに対し英国政府が1988年5月に設けた調査委員会（通称「サウスウッド委員会」）は，1989年2月に報告書をまとめ，「BSEが人間に感染するリスクは極めてありそうもない」と結論づけた[1)]。ところが，やがてBSE由来と推測される人間の海綿状脳症，変異型クロイツフェルト・ヤコブ病（vCJD）の患者が次々と見つかり，1996年3月20日，ついに英国政府はBSEが人間に感染しうることを公式に認めることになった。その結果，政府だけでなく科学に対する信頼は大きく失墜した。

このようなBSEの経験は，他の食品安全や環境安全の分野での失政事例と併せて，とくに不定性のある科学を扱う政府機関の振る舞いについて大きな教訓を社会に残すことになった。すなわち，新しい製品や技術のインパクトを完全に予見することなどできないが，政策決定者は「安全だ」というばかりで，そうした不確実性を認めようとしないし，意思決定の中で考慮したりもしない。予防措置は，リスクが明白になってもなかなか実施されず，実施されても，無能力や不正，手段の欠如，措置が実際に行われる現場についての非現実的な想定によって，十分には為されない。市民の生活に大きな影響を及ぼす重大な決定は，自分たちの声を聴くことなしに，自分たちの力が及ばない上に，自分たちに対して説明責任も果たさない疎遠な機関によって下されている。人間や環境の安全を守ることよりも，大きな企業や国家経済にとって重要な産業分野の経済的利益が優先されているのではないかと疑われる。過去の経験に基づくこうした認識や疑いが，表5-1の問いのリストに代表される一般市民のフレーミングを形成していたのである。

③ GM 論争のフレーミングの全体像

以上に見たように，GM 作物に対する一般市民の態度の背景には，専門家等とは異なる問題関心や知識に基づいたフレーミングがあった。他にも GM 論争では，さまざまな問題がさまざまな論争の場でテーマとなってきた。それら問題のフレーミングを大きく類型化すると，表５-２のように，「リスクと便益」「リスクガバナンスのあり方」「社会経済的問題」「規範的問題」の四つの類型に分けられ，さらにそれぞれがいくつかの下位類型，さらにその下位類型に分けられる。

このようなフレーミングの類型は他のリスク問題でも多かれ少なかれ共通するが，ここで重要なのは，これらの類型は互いに独立なものではなく，ある類型のフレーミングで GM 作物の問題を具体的に論じる際には，他の類型のフレーミングが動員されるといった入れ子状の相互関係があること，またその動員の仕方は，論争上の立場それぞれの問題関心や前提となる知識に応じて異なることが多いため，そこにフレーミングの対立が生じうるということだ。

たとえば GM 作物の問題を「リスクガバナンスのあり方」における「リスク評価・リスク管理の原則」の問題としてフレームし，さらにそれを「科学的根拠の不確実性への対応」の問題としてフレームしたとしよう。その場合の争点は，リスク管理の原則として，「事前警戒原則（precautionary principle）」と「健全な科学（sound science）」のどちらを選ぶべきかをめぐる対立[2)]であり，前者は GM 作物の輸入国である欧州連合（EU）の立場，後者は生産・輸出大国である米国，カナダ，アルゼンチンの立場である。この対立において両者は，それぞれ次のようなフレーミングでこの争点に臨んでいた。まず EU は，先述のような BSE や他の食品汚染問題の経験から，工業的農業の行き過ぎを懸念し，健康リスクや環境汚染の観点から GM 作物の輸入や栽培に反対

表5-2　遺伝子組換え作物問題のフレーミングの類型

類型	下位類型
リスクと便益	• 人の健康に対するリスクと便益 • 生態系に対するリスクと便益 • 社会経済的なリスクと便益
リスクガバナンスのあり方	• リスク評価・管理機関の信頼性 • リスク評価・リスク管理の原則 ・規制の科学的根拠の不確実性への対応:〈事前警戒原則〉か〈健全な科学〉か ・スコーピングをめぐる対立:「社会経済的影響」を評価対象にするかどうか • 意思決定の正統性:意思決定へのアクセスの公平性 • 責任と賠償
社会経済的問題	• 新自由主義的自由貿易の拡大（グローバリゼーション）の利益・不利益 ・自由貿易による産業利益と安全規制の対立 ・多国籍企業による食・農の支配の利益・不利益 ・世界貿易機関（WTO）の自由貿易推進法体系の利益・不利益 • 工業的農業の利益・不利益 ・工業的農業の便益と公衆衛生・環境保護・持続可能性との対立
規範的問題	• 生命の倫理と法 ・生命の操作・私有化はどこまで許されるか？ ・種子の知的財産権（生命特許）の倫理的な是非 • 権利問題 ・個人の知る権利，選択の権利，参加する権利 ・農民の権利：自家採種・自家改良の権利 ・食糧主権 • 農業観，食文化

するとともに有機農業による持続可能性を重視する世論が強かった。これらの問題は，1990年代末以降は，自由貿易による経済利益を優先する新自由主義的なグローバリゼーションの問題としても議論されるようになっていた。個人の知る権利，選択する権利，参加する権利への関心

も高かった。また科学的な面では，やはりBSEの経験もあって，不確実性の問題に敏感であり，とくにGM作物の生態系影響の評価に伴う不確実性が問題視されていた。このようにEU側が複数の類型にまたがる複合的なフレーミングに立っていたのに対し，米国など輸出国側は問題をもっぱら貿易問題としてフレームし，自由貿易推進体制の維持によるバイオテクノロジー産業や工業的農業の利益の維持・拡大を目指して，事前警戒原則に立つEUの規制は「不当な非関税障壁」と見なしていた。

もう一つの「スコーピングをめぐる対立」の問題も同様である。これは，生物多様性条約カルタヘナ議定書交渉（1995年～2000年）で争われたもので，「社会経済的影響の考慮」を議定書が規定するリスク評価やリスク管理の対象範囲（スコープ）に入れるか否かをめぐって，開発途上国（とくにアジア・アフリカ諸国）と工業先進国（とくに米国，オーストリア，日本）が，次のようなフレーミングで対立した（Khwaja, 2002）。まず途上国側は，潜在的にGM輸入国となる立場から，GM品種を導入することは，自国の農民や農村共同体が依存する伝統的な在来品種や生態系を脅かす恐れがあることや，生命の操作・特許化・私有化が途上国の倫理・道徳・文化と対立することを理由に，社会経済的影響の考慮を議定書に規定するよう求めた。これも先のEUのケースと同様，生態系リスクと社会経済的リスク，多国籍企業による農業支配の問題，農民の権利や食糧主権[3)]，種子の知的財産権の是非など，やはり複数の類型にまたがる複合的なフレーミングであった。これに対して先進国側は問題を貿易問題としてフレームし，社会経済的影響の考慮が議定書に規定されることによってバイオテクノロジー産業の利益が損なわれる恐れがあるとして途上国と対立したのである。

3. 原発事故被災地からの「区域外避難」の合理性を考える

(1)「原発避難」と賠償請求訴訟の争点

二つ目の事例は，2011年3月11日の東日本大震災に伴って発生した東京電力福島第一原子力発電所（以下，福島第一原発）の事故の被災地からの「区域外避難」[4]の問題である。避難をめぐっては，東京電力や国を相手取った損害賠償請求訴訟が多数行われているが，その法廷は低線量放射線に関するリスクコミュニケーションの場でもあった。

事故では，大量の放射性物質が放出されたことによって福島第一原発を中心とする広い範囲が汚染され，福島県調べで最大16.4万人（2012年6月時点）もの住民が避難を余儀なくされた。その多くは，政府が居住地域の年間の積算の放射線量をもとに定めた避難指示区域からの「区域内避難者」だったが，福島県外の東北・関東地域も含めて，指示区域以外の地域から避難した区域外避難者も大勢いた（表5-3）。また指示区域の再編や解除の後も元の居住地に帰還しなかった人びとは，区域内避難者から区域外避難者に立場が変わっている。

避難も含めて原発事故の被害に対しては，原子力損害賠償法（原賠法）に基づいて政府が設置した原子力損害賠償紛争審査会（原陪審）による「東京電力株式会社福島第一，第二原子力発電所事故による原子力損害の範囲の判定等に関する中間指針」（以下，中間指針）が定められており，これに従った賠償や，原子力損害賠償紛争解決センター（原発ADR）が仲介する和解による賠償が行われている。しかし賠償の主たる対象は区域内避難者であり，区域外避難者や，区域外の地域で事故後も居住している住民（滞在者）に対する賠償内容は手薄だ。区域内避難者に対する賠償も，当事者が求めるものと比べれば決して十分なもので

表5-3　2013年時点での福島県からの避難者の区域類型別人数

<table>
<tr><td rowspan="3">福島県全体の避難者
約14.6万人</td><td>避難指示区域からの避難者
約8.1万人（11市町村）</td><td>避難指示解除準備区域　約3.3万人（41%）
居住制限区域　約2.3万人（29%）
帰還困難区域　約2.5万人（31%）</td></tr>
<tr><td colspan="2">旧緊急時避難準備区域　約2.1万人（広野町，楢葉町，川内町，田村市，南相馬市）</td></tr>
<tr><td colspan="2">その他の避難者　約4.4万人（福島市，郡山市，いわき市など福島県内全域）</td></tr>
</table>

福島県全体からの避難者数は，福島県「平成23年東北地方太平洋沖地震による被害状況即報」（第1031報）（平成25年9月17日）による。避難指示区域からの避難者数は，市町村からの聞き取った情報（平成25年8月8日時点の住民登録数）を基に，原子力被災者生活支援チームが集計。旧緊急時避難準備区域からの避難者数は，各市町村からの聞き取り（平成25年9月17日）を基に，原子力被災者生活支援チームが集計（内閣府，2013）。これ以外に県の調査対象外となっている災害公営住宅の入居者や避難先で住宅を再建した人びとが2万4千人，さらに県外地域からの避難者は数万から10万人を超えていたと推測されている（山本，2017；早尾，2014；除本，2016）。

はない。このため，避難者を中心に全国で約30件の賠償請求集団訴訟が起こされている。

一連の訴訟の争点はさまざまあるが，ここで着目するのは，区域外からの避難には合理性（法律分野では「相当性」）を認めることができるかどうかという問題である。被ばく線量基準（年間の積算線量が20 mSv）に基づいた国の避難指示によるものであれば，避難の合理性・相当性は法的に明らかであり賠償の対象になるが，基準以下とされた区域からの避難にはそのような客観的根拠がないため，そのままでは対象にはならない。区域外避難は，基本的に避難者各自の主観的な「不安」に基づくものであり，果たしてこれに賠償に値する合理性・相当性があるかどうかが問われたのである。

（2）フレーミングの観点から見た判決の立論の特徴

この問題について多くの判決では，一定の条件を満たした区域外避難者に対して避難ならびに避難継続の合理性・相当性を認めている。それはどのような立論によってだったのだろうか。ここでは判決で示された判断（判示）の詳細やその妥当性には立ち入らず，その判断を枠付けているフレーミングの特徴に注目してみる。例としては，集団訴訟で初めての判決となった群馬訴訟第一審判決（前橋地判平 29・3・17 判時 2339 号 14 頁）の判決文「第 6 節 相当因果関係総論」のうち，区域外避難に焦点を当てた「第 5 被告国等の避難指示に基づかずに居住地を移転した原告らに係る相当因果関係／4 避難の合理性についてのまとめ」における判示をとりあげる。

群馬訴訟判決のフレーミングを特徴づけている最も重要な要素は，次の二つの前提である。一つは，原告の訴えに則り，事故によって侵害された避難者の利益（被侵害利益）を，放射線被曝によって損なわれたもしくは損なわれうる身体の健康ではなく，「平穏生活権」としたことである。これは他の訴訟でも共通するが，群馬判決では，原告の訴えに基づき，「自己実現に向けた自己決定権を中核とする平穏生活権を中核とした人格権」[5] という定義を採用している。これにより，避難の合理性・相当性の判断の焦点は，具体的な健康被害の存在を科学的に確証することではなく，事故による放射性物質の放出を原因として，将来の健康被害を懸念し，避難するという選択をした原告の判断が何らかの意味で合理的・相当的であり，事故と上記権利の侵害との間に法的に相当な関係（相当因果関係）があると認められるかどうかということに置かれた。

もう一つの重要な群馬訴訟判決のフレーミングの前提は，上記の相当因果関係を認定するための基準を，科学的な立証ではなく，「通常人ないし一般人の見地に立った社会通念」としたことである。これは原告側が求めたものだが，原陪審の中間指針で，区域外避難者と滞在者の損害を対象にした第一次追補（2011年12月6日）や第二次追補（2012年3月16日）でもその考え方が反映されている。これに対して被告側は，事故と避難の間に相当因果関係があるというためには，確立した科学的知見を踏まえる必要があると主張したが，これは退けられた。

これら二つの前提から，群馬訴訟判決のフレーミングは，健康被害が具体的にあったかどうかの科学的立証は不要とされ，「通常人・一般人の見地に立った社会通念」に基づいて区域外避難の合理性・相当性を判断するというものになった。ただし，科学的なものが全く不要であるとしたわけではなく，「科学的知見その他当該移転者の接した情報を踏まえ，健康被害について，単なる不安感や危惧感にとどまらない程度の危険を避けるために生活の本拠を移転したものといえるかどうかが重要と考えられる」とされた。これを前提に，（1）低線量被ばくにおける確定的影響及び確率的影響，（2）当該移転者の属性に関する一般的検討，（3）新聞報道及び被告国の情報提供等状況及び内容が検討され，最終的に，区域外避難の合理性・相当性は，個々の原告ごとに，それぞれ異なる事故当時の居住地の放射線量や，年齢・性別・職業，避難時期やその経緯，接した情報などをもとにして判断されることになった。

（3）区域外避難の合理性に関する判示の特徴―不定性の観点から

以上のようなフレーミングのもとで導かれた判示の論点をまとめたものが表5-4である。ここで注目すべきは，これらの判示には，フレーミングも含めたさまざまな不定性に関する判断が示されていること，そして，先の二つのフレーミングの前提がこのような判断を可能にしているということである。

まず判示①はICRP（国際放射線防護委員会）が放射線防護の基礎に置いている「直線閾値なしモデル（LNT モデル）」（低線量でも健康被害の発生確率は線量に比例して増大するというモデル）に関する解釈の多義性が表れている。原告側は，避難の合理性・相当性の根拠の一つとしてこのモデルを挙げるとともに，「年 20 mSv 以下の被曝による健康リスクは，他の発がん要因によるリスクと比較して十分低水準である」とする被告側の主張の不確実性を訴えた。これに対し被告側は，LNT モデルは放射線防護上の考え方として採用された仮説に過ぎず，科学的根拠はないとした。前章の IRGC の不定性の分類でいえば，これは，原告・被告ともに，自らの主張を「単純」な問題として扱うと同時に，相手の主張の根拠の不確実性を訴えるという構図である。これら両論に対して裁判所は，LNT モデルの妥当性について，原告・被告双方の「単純」な主張を退けながらも，同モデルは科学的に十分に確立されたものではないが相応の説得力のあるものであると解釈し，「年 20 mSv を下回る低線量被曝による健康被害を懸念することが科学的に不適切であるということまではできない」とした。LNT モデルの不確実性をめぐる「解釈の多義性」を，原告の救済に寄与する方向で解釈したものだといえる。

次の判示②～④には，用語そのものは用いてないが，「リスク認知」の心理学の考え方（第２章参照）が示されている[6)]。まず判示②が挙げている健康被害の重篤さ，判示③の若年層や妊婦・胎児・幼児のリスクの相対的高さは，「結末の重大さ」など「恐ろしさ因子」のリスク特性にあてはまり，判示④が挙げている事故発生の最中及び直後の状況の不明確さは「未知性因子」にあてはまる。また判示には含まれていないが，リスク認知の要因には，事故によって強制的にリスクに曝されたという自己決定権の侵害や，リスクと便益の分配の不平等など，基本的人

表5-4　群馬訴訟判決「避難の合理性についてのまとめ」の論点

判示	判示の内容
①	低線量被ばくの確率論的影響についてICRP（国際放射線防護委員会）の直線閾値なしモデル（LNTモデル）を踏まえ，「避難指示の基準となる年20mSvを下回る低線量被曝による健康被害を懸念することが科学的に不適切であるということまではできない」とした。
②	放射線による健康被害には致死の可能性が高い発がんなど重篤なものが含まれているため，日本で未曾有の規模の放射線被ばく事故が発生し，食物の出荷制限，復旧見通しのなさなど，不安を募らせるのも無理がないような報道が連日行われていた状況では，国や福島県が安全性を訴える情報提供をしていたとしても，通常人・一般人が，判示①で述べられた「科学的に不適切とまではいえない見解」に基づいて，事故により相当程度放射線量が高まった地域に住み続けることによって健康被害が生じる可能性を「単なる不安感や危惧感にとどまらない重いものと受け止めることも無理もない」とした。
③	低線量被ばくによる発がんリスクの年齢層等の相違による差は明確ではないとしつつも，「一般論としての，発がんの相対リスクが若年ほど高くなる傾向」や「女性及び胎児について放射線感受性が高いといった指摘」，「地表での沈着密度の高い行政区間において推定実効線量が高くなること」，「幼児の平均実効線量が成人よりも大きいものとなるといった指摘」があることから，子どもの被ばくをより深刻に受け止めることは「あながち不合理なものとはいえないというべき」とした。
④	事故発生の最中及び直後では，放射性物質の放出量や実効線量等が判然としない状況だったことから，「本件事故により放射性物質が放出されたとの情報を受けて自主的に避難をすることについても，通常人ないし一般人において合理的な行動というべき」とした。
⑤	原子力損害賠償紛争審査会の中間指針等が定めている「相当な賠償対象期間」を超えて区域外から避難した者には，その者が生活の本拠としていた地域において少数であることを理由に，避難の合理性はないと東電は主張。これに対して，「社会は多様な価値観を有する多くの人々により構成されて」いることから，「通常人ないし一般人の見地に立った社会通念」も，人々の価値観の多様性を反映して「一定の幅」があり，同様の放射線量の被ばくが想定されても，「その優先する価値によっては，避難を選択する者もいれば，避難しないことを選択する者もおり，これらが，通常人ないし一般人の見地に立った社会通念からみて，いずれも合理的ということがあり得る」こと，さらには「避難先及び避難先での生活の見通しを確保できたかどうかといった経済的な事情が避難決断の決め手となることもある」ことから，「周囲の住民が避難している割合の高低をもって，避難の合理性の有無を判断すべきではな」いとして，被告東電の主張を退けた。

⑥	東電が「中間指針等が定める相当な賠償対象期間」を超えた避難の継続を不合理とし，具体的な賠償期間を別途定められている期間に限定することを主張したのを，次のような理由で退けた。第一に，東電が主張する期間が「避難の合理性の存する期間であることについての具体的な主張立証はない」ということ。第二に，東電が主張する期間の最終日（平成23年4月22日）は，国が警戒区域等を指定した日であるため，「同日に何ら区域指定されなかった地域において，同日は，被告国から本件事故による避難をする必要はない旨が表明された日であり，国民がこれを知った日とも解される」ものの，個別の原告らにとってこの日の時点で「同日における区域指定と，科学的知見を基にした避難の合理性の関係が明らかであった」と認めるに足りる証拠はないこと。
⑦	「被告国において，被ばく放射線量に関連する事柄について採用する基準が政策目的により異なること」や，「ICRP勧告が経済的及び社会的要因という医学的要因以外の要因を考慮していること」から，「中間指針等が定める賠償期間を超えて避難する合理性がないと断ずる理由はない」とした。さらには「避難指示の基準となっている年間積算線量20 mSvをICRP勧告の内容に照らしてみると，同値は，緊急時被ばく状況においては，最低値ではあるものの，種々の自助努力による防護対策が勧告されている現存被ばく状況においては最高値なのである」ことを理由に，「これを基準の一部として避難指示が解除されたからといって，帰還をしないことが不合理とはいえない」としている。

権や社会正義の問題を含意するものもある（同上；平川，2018）。この意味でリスク認知への着目は，法的には相当因果関係論だけでなく損害論の論点も喚起しているともいえる。いずれにしても，これらのリスク特性が顕著だったことによって，避難者たちが科学的なリスク評価よりも大きくリスクを認知し，避難することにしたことは，通常人・一般人として不合理ではない，もしくは合理的であると肯定的に評価されたのである。

加えて判示⑤は，そうしたリスク認知が人びとの間で多様であること，つまりリスクに関する解釈の多義性を示したものであり，この観点から当該地域の住民の中で少数であっても，避難を選択することの合理性・相当性を肯定したものといえる。

判示⑥は，国が警戒区域など避難指示区域を指定し，それ以外の地域では避難する必要はないことを表明した日（平成23年4月22日）が，国民がそれを知った日であり，それ以降に行われた区域外避難や避難継続は科学的に不合理であるとした被告側の主張を退けたものである。その背景には，情報というものは，政府が発表したら直ちに国民が知り納得するようなものではなく，相応の時間がかかるという，通常人・一般人とっては常識的な認識である。なお中通り訴訟の第一審判決（福島地判令 2・2・19 LEX/DB25565289）では，この「時間性」について，「一旦生じた恐怖や不安を解消するのに相応しい社会情勢の変化と時間の経過が必要」であるとして，群馬判決と同様の結論を導いている。またこれら判決では明言されてないが，情報の周知に時間がかかることの要因には，事故発生により国に対する不信も増大したという，これまたリスク認知の重要な因子である「信頼」の問題があるともいえるだろう。

最後に判示⑦が示しているのは，「基準値」というものは，政策目的や，基準決定において考慮されている経済的・社会的要因など，社会的な文脈に応じて異なるフレーミングで設定されているということであり，そうした文脈の違い，フレーミングの多義性を無視して，数値を機械的にあてはめることの不適切さを指摘するものだということができる。

以上のように，区域外避難の合理性・相当性をめぐる裁判の場では，被侵害利益を平穏生活権とし，通常人・一般人の見地に立つというフレーミングによって，リスク認知など避難当事者の視点を重視し，避難を選択することが，単なる個人的な主観として切り捨てられない独自の意味を持つものとして扱われたことがわかる。そして，この結論を導き出した法廷の審理は，フレーミングの多義性も含めて不定性をめぐるリスクコミュニケーションになっていたということができる。

4．おわりに—リスクコミュニケーションへの教訓

本章では，GM 作物と原発避難の賠償請求訴訟を例に，リスク論争におけるフレーミングの問題について見てきた。最後に三点，リスクコミュニケーションにとっての教訓を指摘しておこう。

一つは，フレーミングやその多義性に目を向けること，とりわけリスクコミュニケーションの早い段階からそうすることは，さまざまな立場の人びとの納得と信頼を得るために不可欠だということである。何をどのように問題とし，何を答えるべきかの理解が関係者の間でずれていれば，議論はかみ合わない。政府や専門家，企業からのメッセージも，受け手にとっては的外れなものになってしまい，不満や不信感を生じさせてしまう。コミュニケーションの初期の段階から，フレーミングの違いがどこにあるのか，相手のフレーミングはどのようなものかを探る先制的な取り組みが重要である。たとえば日本再生医療学会では，2014 年度から始まった文部科学省の「リスクコミュニケーションのモデル形成事業」の助成のもとで「社会と歩む再生医療のためのリテラシー構築事業」を実施し，その一環として，再生医療に関する学会員（再生医療研究者）と一般市民の意識の差を探る質問表調査を行い，市民が「知りたい知識」と研究者が「伝えたい知識」の違いを明らかにしている (Shineha et al., 2018；八代，2020)。こうした取り組みは，先制的フレーミング探索の模範例といえる。

二つ目の教訓は，先制的にフレーミングを探索するためには，人文・社会科学者や NPO/NGO，企業等の「社会課題の専門家」がリスクコミュニケーションの企画に参画することが不可欠だということである。

問題のフレーミングやその多義性を的確に把握するためには，その問題に通暁した専門家の見識が不可欠だからだ。上記の再生医療学会の事業では，生命倫理学者や医事法学者，科学技術社会論やリスク学の研究者など学際性の高いワーキンググループが設けられていた。本章で紹介したGM作物のように多角的・複合的な問題では，よりいっそう学際的な体制が必要だろう。

最後にもう一つ重要なのは，フレーミング探索を行う際には，「隠れた声／隠された声」が存在する可能性に留意する必要があるということである。たとえば福島原発事故後の支援策の策定では，日本社会におけるジェンダー不平等のもとで，意思決定過程に参画する女性の数がもともと少ないうえに，被災住民対象の質問表調査でも男性世帯主の声ばかりが拾われ，被災女性の声が施策に十分に反映されていないという問題が指摘されている（清水，2015）。こうした社会の構造的問題による「隠れた声／隠された声」を丹念に掘り起こすことは，コミュニケーションだけでなく，そもそものリスク問題に的確に対応するためにも不可欠である。

〉〉注

注1）実をいえば報告書では，この結論は現時点で利用可能な証拠に基づいた判断であり，「もしも我々の評価が誤っていたなら，その意味するところは極めて深刻である」という但し書きがあった。しかし政府はこれを無視して，「人間へのリスクはありそうもない」という報告書の文言を繰り返し引用して，英国産牛肉の安全性をアピールし続けた。

注2）「事前警戒原則（予防原則）」とは，人の健康や環境に重大な悪影響が予期される場合には，予防策を行う科学的根拠に不確実性があっても，予防策を控えるべきではない，あるいは何らかの予防策を講じるべきだとする考え方である。過去の公害や薬害などの問題で，規制の根拠に高い科学的確実性を求めるあまり，対策が

手遅れになったいわゆる「分析による麻痺（Paralysis by Analysis)」を回避するため，1970年代にスウェーデンの環境法で導入され，その後国際的なリスク管理の原則となった。これとは反対に「健全な科学」は，規制根拠に十分な確実性を要求する考え方であり，1980年代に米国で登場し，しばしば規制の実施を阻害するために用いられる。

注３）農民の権利とは自律的に採種や品種改良を行う権利。食糧主権は，2007年の食糧主権国際フォーラムのニエレニ宣言「生態学的に健全で持続可能な方法で生産された，健康的で文化的に適切な食料に対する人々の権利，そして自らの食料と農業システムを定義する権利」と定義されている。特許があり，使用方法が細かく開発・販売企業に指定されるGM品種の利用はこれらの権利と対立する。

注４）「自主的避難者」とも呼ばれるが，当事者にとっては，事故によって避難せざるを得ない状況に追い込まれたがゆえに避難したのであり，この呼称は必ずしも適切ではないため，ここでは「区域外避難者」と呼ぶことにする。

注５）この権利の内容として群馬訴訟判決では，１）放射線被ばくへの恐怖不安にさらされない利益，２）人格発達権，３）居住移転の自由及び職業選択の自由，４）内心の静穏な感情を害されない利益を包摂する権利としている。

注６）福島地裁に提訴された「福島生業訴訟」の第一審では，原告側証人としてリスク心理学が専門の中谷内一也・同志社大学教授が証言しており，判決（福島地判平29・10・10判時2356号３頁）でも「社会心理学的知見」としてリスク認知心理学が参照されている。またリスク認知の観点から避難問題を扱った文献として，吉村（2015)，鳥飼（2015）も参照せよ。

参考文献

清水奈名子（2015)「意思決定とジェンダー不平等―福島原発事故後の『再建』過程における課題」, Fukushima Global Communication Programme Working Paper Series（９）: pp.1-9.

鳥飼康二（2015)「放射線被ばくに対する不安の心理学」『環境と公害』44巻４号：pp.31-38.

早尾貴紀（2014)「原発避難の実態と『避難の権利』」『インパクション』194号：

pp.9-13.

平川秀幸（2018）「区域外避難はいかに正当化されうるか――リスクの心理ならびに社会的観点からの考察」，淡路剛久（監修）・吉村良一・下山憲治・大坂恵里・除本理史（編）『原発事故被害回復の法と政策』日本評論社：pp.56-69.

八代嘉美，標葉隆馬，井上悠輔，一家綱邦，岸本充生，東島仁（2020）「日本再生医療学会による社会とのコミュニケーションの試み」，『科学技術社会論研究』，第18号：pp.137-146.

山本薫子（2017）「『原発避難』をめぐる問題の諸相と課題」長谷川公一他編『原発震災と避難』有斐閣：pp.60-92.

除本理史（2016）『公害から福島を考える』岩波書店.

吉村良一（2015）「『自主的避難者（区域外避難者）』と『滞在者』の損害」淡路剛久他（編）『福島原発事故賠償の研究』日本評論社：pp.210-226.

吉村良一（2020）「福島原発事故賠償訴訟における『損害論』の動向―仙台・東京高裁判決の検討を中心に」『立命館法学』389号：pp.205-254.

Gaskell, G., Bauer, M., Durant, J.（1998）“Public perceptions of biotechnology in 1996：Eurobarometer 46.1”, J. Durant, J., M. Bauer and G. Gaskell（eds.）, *Biotechnology in the Public Sphere：a European Sourcebook*, Science Museum, London：pp.189-214.

Gaskell, G., Bauer, M., Durant, J., Allum, N.（1999）”Worlds apart. The reception of genetically modified foods in Europe and the US”. *Science*, 285（16 July）：pp.384-387.

ISAAA（2019）Global Status of Commercialized Biotech/GM Crops in 2019：Biotech Crops Drive Socio-Economic Development and Sustainable Environment in the New Frontier. *ISAAA Brief* No. 55. ISAAA：Ithaca, NY.

Jasanoff, Sheila（1996）“Is Science Socially Constructed：Can It Still Inform Public Policy?”, *Science and Engineering Ethics*, Vol.2 Issue 3, 1996：pp.263-276.

Khwaja,, Rajen Habib（2002）“socio-economic considerations”, Bail, Christoph, R. Falkner, H. Marquard（eds.）（2002）*The Cartagena Protocol on Biosafety：Reconciling Trade in Biotechnology with Environment and Development?*, Earthscan Publications Ltd.：pp.361-365.

Martin, S. and Tait, J. (1992) "Attitudes of selected public groups in the UK to biotechnology", J. Durant (ed.), *Biotechnology in Public : a Review of Recent Research*, Science Museum, London : pp.28-41.

Marris, C., et al. (2001) *Public Perceptions of Agricultural Biotechnologies in Europe* (*PABE*), final report of EU research project, FAIR CT98-3844 (DG12-SSMI).

Shineha et al. (2018) "Comparative Analysis of Attitudes on Communication toward Stem Cell Research and Regenerative Medicine between the Public and the Scientific Community", Stem Cells Translational Medicin : 7 (2), pp.251-257.

Wynne, B. (1996) "Misunderstood misunderstandings : social identities and public uptake of science," Alan Irwin & Brian Wynne (eds.) *Misunderstanding science? The public reconstruction of science and technology*, Cambridge University Press, pp.19-46.

6 食品安全とリスクコミュニケーション

堀口逸子

《学習のポイント》 本章では食品安全に関する考え方から，リスクコミュニケーションの位置づけを解説する。リスクコミュニケーションの進め方を示したうえで，食品と放射性物質という複合的な事例からリスクコミュニケーションの戦略について解説する。戦略においてリスク比較やリスク認知をどのように捉えるのかポイントを押さえる。リスクコミュニケーションの戦略の重要性を確認する。

《キーワード》 食品安全，食中毒，食品添加物，放射性物質，内閣府食品安全委員会，リスクアナリシス

1．食品安全に関する議論

1980年代から欧州や米国において，食品の安全確保について国際的な議論がなされた。そのなかでコーデックス委員会（Codex Alimentarius Commission（CAC）国際食品規格委員会）から「リスクアナリシス（リスク分析）」の考え方が提示された。それは，リスク評価，リスク管理，リスクコミュニケーションの3つの要素からなる。コーデックス委員会は，消費者の健康の保護，食品の公正な貿易の促進等を目的として，1963年に国際連合食糧農業機関（Food and Agriculture Organization of the United Nations（FAO））と世界保健機関（World Health Organization（WHO））により設立された政府間組織である。2022年現在，加盟国は180ヶ国以上で，日本は1966年か

ら加盟している。

コーデックス委員会は，2003年，食品の安全確保についての国際的合意として，国民の健康保護の優先，科学的根拠の重視，関係者相互の情報交換と意思疎通，政策決定過程等の透明性の確保の考え方を示し，その方法として「リスクアナリシス（リスク分析）」の導入と農場から食卓までの一貫した対策をあげた。

2. BSE問題

2000年初頭に，BSE問題と言われる牛海綿状脳症（Bovine Spongiform Encephalopathy）に関連する社会問題が起こった。BSE（牛海綿状脳症）は英国において1980年代に初めて特定された牛の感染症である。ヒトが，BSEに罹患した牛の特定部位，脳，脊髄，中枢神経系に関連する部位を摂取，すなわち異常プリオンを摂取することで変異型クロイツフェルトヤコブ病（vCJD）を発症した。一般的に，クロイツフェルトヤコブ病は，神経難病のひとつで，抑うつ，不安などの精神症状で始まり，進行性認知症，運動失調等を呈し，発症から1年～2年で全身衰弱・呼吸不全・肺炎などで死亡する。英国では，BSEにより，370万頭の牛が殺処分され，178名のvCJDの発症が報告された。発病して死亡した病牛は18万頭だが，感染しても発病する前にほとんどの牛が食用になり，発病するまで生きている牛は感染牛全体の1／5から1／10と言われる。このことから，5000頭から1万頭の感染牛を食用にすると1人のvCJD患者が発生する計算になる。

日本では2001年9月に千葉県において感染疑いの牛が発見された。日本政府は，EU（欧州連合）と同じ安全対策を導入し，肉骨粉と特定部位の使用を禁止し，月齢30か月以上の食用肉の検査を計画した。しかし，検査は全ての牛を対象とすべきとの声が広がり，月齢が若い牛の検査は科学的に意味がないという厚生労働大臣の反対を押し切り，BSE感染牛発見の翌月にあたる10月より農林水産大臣の政治的判断により全月齢の検査，いわゆる全頭検査が開始された。日本におけるvCJD患者の発生は見られなかった。

3. 日本における食品安全とリスクコミュニケーション

（1）リスクアナリシスの導入のきっかけ

2002年4月，農林水産大臣と厚生労働大臣の私的諮問機関であるBSE問題に関する調査検討委員会が報告書（農林水産省，2002）を発表し，BSE感染牛対策に対する行政の対応について検証している。

この報告書では，リスクコミュニケーションについて，専門家の意見を適切に反映しない行政として「行政と科学間の情報や意思疎通を円滑に行い相互信頼を確立するリスクコミュニケーションも欠落していた」と指摘している。また，法律と制度の問題点および改革の必要性として，消費者の保護を基本とした包括的な食品の安全を確保するための法律の欠如とともに，「リスクアナリシスを導入するにも，科学的なリスク評価を担う組織が見当たらない」とした。また「消費者保護に責任を持てる組織も，情報公開や組織間のリスクコミュニケーションを進める組織も欠落している」と指摘している。そして，食品の安全性の確保に係る組織体制の考え方として，リスクアナリシスをベースとした組織体制の整備をあげ「リスク評価の結果は，公開されるとともに一般の人にも容易に理解でき，利用されるようなものでなければならない。そのため，リスク評価を実施する独立した行政機関に消費者・国民へのリスクコミュニケーションを行う部署を設置することが必要である」としている。

この報告書を受け，2003年食品安全基本法が制定され，このなかにリスクアナリシスの考え方が導入された。そして，内閣府のもとにリスク評価機関として食品安全委員会が設立された。

（2）内閣府食品安全委員会「食品の安全に関するリスクコミュニケーションのあり方について」報告書

食品安全分野のリスクコミュニケーションにどのように取り組むべきかについては，国内外の多くの機関が取りまとめて公表している。2003年に設置された食品安全委員会は，翌2004年に「食品の安全に関するリスクコミュニケーションの現状と課題」，2006年に「食品の安全に関するリスクコミュニケーションの改善に向けて」を取りまとめている。そして設立されて10年余が経過した2015年5月，「食品の安全に関するリスクコミュニケーションのあり方について」報告書（内閣府食品安全委員会，2015）を取りまとめ，基本的な考え方を示した。この報告書は，食品安全委員会はもとより，その他の行政機関や食品安全に携わる関係者によって幅広く活用されることを期待している。

報告書には「リスクコミュニケーションは，分かりやすく言えば，リスク対象及びそれへの対応について，関係者間が情報・意見を交換し，その過程で関係者間の相互理解を深め，信頼を構築する活動である。その活動は，関係者が一堂に会した意見交換会のみならず，様々な媒体を通じた情報発信等，幅広い。リスクコミュニケーションの目的は，『対話・共考・協働』（engagement）の活動であり，説得ではない。これは，国民が，ものごとの決定に関係者として関わるという公民権や民主主義の哲学・思想を反映したものでもある。」と明記されている。

また，リスクコミュニケーションの目標として「リスクコミュニケーションは，十分な情報提供を踏まえた関係者間の双方向の情報・意見の交換である。これらの取組は関係者がともに考え，立場を相互に理解し，信頼を確保することを目標とする。その結果，合意形成に至ることもあるが，合意形成が主目的ではない場合があることを留意しておくべきである。また，消費者の食品安全に関連する様々な意思決定が，偏った情報に左右されず，科学的根拠に基づき合理的に行われるよう支援することも，目標である。」と明記されている。立場を相互に理解し，信頼を確保することなどはリスクコミュニケーションの進め方（図６-１）そのものである。

4. リスクコミュニケーションのために必要な情報

リスクコミュニケーションを実施するにあたり，情報の受け手側の知識や習慣，信念や懸念について理解することがとても重要である（WHO，2020）。しかし残念ながら，日本において継続的に国民のリスク認知等を把握するシステム（調査）はない。そのため，何かしらの危機が発生した際に，それらがわからずに情報を提供している現状がある。社会的混乱を引き起こしたり助長したりするリスクを，リスク管理機関は抱えていることになる。

（１）食品に関するリスク認知

食品安全委員会には公募によって選ばれた食品安全モニターがいる。そのモニターを対象として，年に１回質問紙調査が実施されている。そこでは，日常生活を取り巻く分野別の不安の程度を継続的に質問している。「自然災害」「感染症」「犯罪」「経済不安」「交通事故」「環境問題」「原発事故」「戦争・テロ」「食品安全」の９つの分野なかで，「食品安全」はここ６年連続不安の程度が最も低くなっている。

また食品のハザード別にも継続的に不安の程度を質問している。不安とした人の割合が多いハザードは，「有害微生物による食中毒」が2012

年以降連続して1位である。そして「いわゆる『健康食品』」や「かび毒」が60%以上で2位と3位で推移している。「食品添加物」や食品に意図的に添加・管理されている「残留農薬」に関しては，経年的に徐々に減少している。「食品添加物」は2011年以降上位5位以内には含まれていない（表6-1）。また，不安の程度は，女性よりも男性の方がかなり低く，また，食品分野での職業経験がある人の方が，経験がない人よりも低かった（Abe et al, 2020）。

（2）優先的に提供すべき食品安全に関する情報

食品安全委員会では2018年に，デルファイ法[1)]（Linstone et al, 1975）を利用した質問紙調査を実施した。調査対象は，食品安全委員会専門調査会専門委員，全国自治体の食品安全担当職員，食品安全モニターの3つのグループである。消費者に伝えるべき食品安全についての情報は何かを問うている。その結果を表6-2に示す（Horiguchi et al, 2022）。調査対象者が異なっても，共通して上位にあがったのは「リスクの概念」「安全と安心の違い」で，これは食品分野に限らずリスクに関わる基本的事項である。ハザードでは，食中毒や健康食品が上位にあがっており，これは先述した食品安全モニター調査による各ハザードに対する不安の程度の結果と相違ない。

5. 食品安全に関するリスクコミュニケーションの事例

ここでは，食品安全の，そして放射性物質に関わるリスクコミュニケーションの事例を紹介する。

（1）食品中に含まれる放射性物質に関する検査のガイドライン

2011年3月11日の東京電力福島原子力発電所の事故の影響で，空中

表6-1　食品の安全性の観点から，不安を感じるハザードの順位

	1位	2位	3位	4位	5位
2018	食中毒	薬剤耐性菌	いわゆる健康食品	かび毒	アレルギー物質
2017	食中毒	いわゆる健康食品	かび毒	薬剤耐性菌	アレルギー物質
2016	食中毒	いわゆる健康食品	かび毒	薬剤耐性菌	放射性物質
2015	食中毒	いわゆる健康食品	放射性物質	汚染物質	薬剤耐性菌
2014	食中毒	放射性物質	いわゆる健康食品	残留農薬	薬剤耐性菌
2013	食中毒	放射性物質	汚染物質	いわゆる健康食品	残留農薬
2012	食中毒	放射性物質	汚染物質	残留農薬	薬剤耐性菌
2011	放射性物質	食中毒	残留農薬	汚染物質	薬剤耐性菌
2010	食中毒	残留農薬	薬剤耐性菌	汚染物質	食品添加物
2009	食中毒	汚染物質	残留農薬	薬剤耐性菌	器具容器包装
2008	食中毒	汚染物質	残留農薬	薬剤耐性菌	器具容器包装
2007	汚染物質	残留農薬	食中毒	薬剤耐性菌	食品添加物
2006	汚染物質	残留農薬	食中毒	薬剤耐性菌	BSE
2005	汚染物質	残留農薬	薬剤耐性菌	食中毒	遺伝子組換え食品
2004	汚染物質	残留農薬	薬剤耐性菌	食中毒	食品添加物

Abeらの論文より

に飛散した放射性物質セシウムにより食品が汚染される事態が起きた。3月17日には食品衛生法に基づく放射性物質の暫定規制値が設定され，食品安全委員会に評価要請があった。食品安全委員会は，3月29日に緊急とりまとめを行った。この結果を受け，4月4日「検査計画，出荷制限等の品目・区域の設定・解除の考え方（初版）」（いわゆるガイ

表6-2　食の安全に関して消費者に必要な知識は何か

順位	専門委員	自治体職員	食品安全モニター
1	リスクの概念 いわゆる健康食品	生食の危険性	安全と安心
2		カンピロバクターによる食中毒	腸管出血性大腸菌による食中毒
3	安全のコストと適切なリスク管理	食中毒の予防と対策	ノロウイルスによる食中毒
4	安全と安心の違い	食の安全と安心の考え方 ノロウイルスによる食中毒	いわゆる健康食品
5	自然毒（動物性・植物性）による食中毒		食品の表示
6	食品添加物 食物アレルギー	食品の安全性の考え方	輸入食品の安全性
7		リスクアナリシス	市民啓発活動
8	食中毒の原因と予防	腸管出血性大腸菌による食中毒	食品製造・流通業での衛生管理
9	遺伝子組換え食品	いわゆる健康食品	HACCP（ハサップ）の制度化
10	急性影響と慢性影響の違い	HACCP（ハサップ）の制度化 食品の表示	食物アレルギー

Horiguchi らの論文より　著者が作成

ドライン）が取りまとめられた。リスク評価を継続していた食品安全委員会は10月27日にその結果をとりまとめ，厚生労働省は2012年4月に新たな基準値を設定した。

ガイドラインは，その後，検査結果，低減対策等の知見の集積，国民の食品摂取の実態等を踏まえ，2022年2月現在まで9回にわたり改正されている。今回は，2017年３月のガイドライン改正におけるリスクコミュニケーションについて紹介する。

（２）テーマと目標の設定

この事例のテーマは「食品中に含まれる放射性物質の検査の今後のあり方をどうするか」であり，その目標は，リスクコミュニケーションの進め方の最終段階「行動変容」である（図６－１）。情報提供から相互理解や信頼関係を築き，リスクの受容を経て行動変容までには時間がかかる。

2014年公益財団法人原子力安全研究協会が環境省の委託事業として実施していた研修に，リスクコミュニケーションが含まれていた。この研修は東京電力福島原子力発電所の事故後から実施され，2021年現在も継続実施されている。研修の受講者は，福島県を中心とした近隣自治体の職員等であった。受講者の千葉県農林関係部署の職員から，食品に含まれる放射性物質の検査について，検査結果は検出限界以下の食品がほとんどであり，いつまでこの検査を実施していくのか，リスクコミュニケーションによってどうするのかを関係者で決めていけるのではないかと相談があった。上司に相談したところ「リスクコミュニケーションはシンポジウム」と言われ，また，シンポジウムの予算もなかった。そして彼を含む多くの自治体の職員が「寝た子を起こすな」とも内部で言われていた。回復期のリスクコミュニケーションに対する理解がされていないこと，また着手することに心理的負担が大きく難しいと考えられた。

この時点では，テーマは明らかであるが，協力者がいるのか，得られるのか，現状ある社会資源を含め，情報をほとんど持ち得ていなかった。

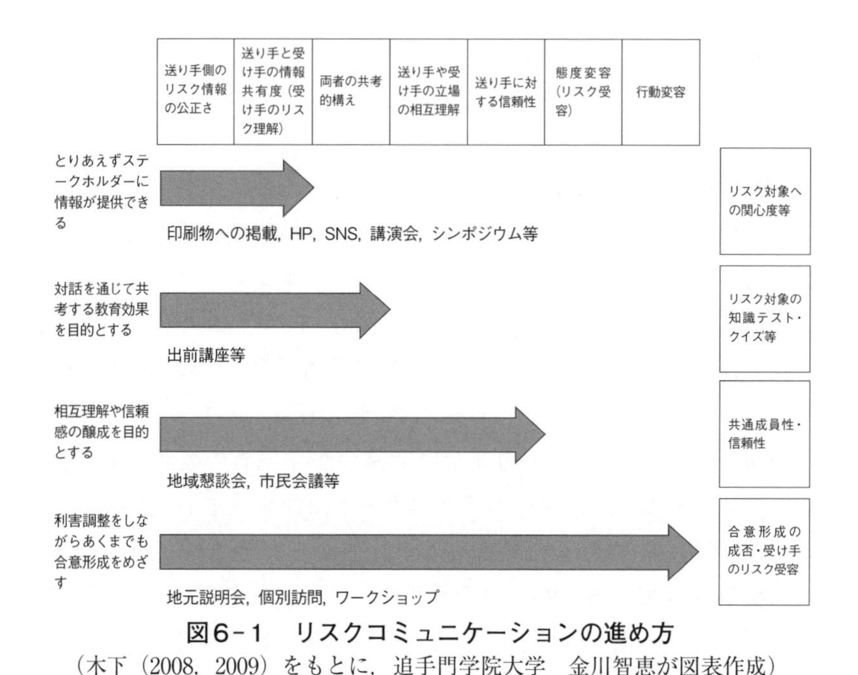

図6-1　リスクコミュニケーションの進め方

（木下（2008，2009）をもとに，追手門学院大学　金川智恵が図表作成）

（3）関東圏５県の動き

ガイドラインでは，検査を必須とする対象自治体や検査方法が決められている。検査の対象となっていた自治体は17都県であったが，実際は，45都道府県が検査を実施していた。また検査品目やその数は各自治体が決める。千葉県職員からの相談に対して，検査品目やその数をどのように決めているのか，検査結果や検査の今後の方向性についてどのように考えているのか，近隣県の情報を持ち得ているか確認した。情報交換の機会はなく，連絡を取り合うこともなく，状況がわからないということであった。そこで，近隣県を集めた情報交換会の開催を提案した。ひとつの自治体だけで国のルールを変えるような変化を起こしていくことは，日本においてあまり例がない。それには自治体の首長の強力なリーダーシップが必須である。関東圏で足並みを揃えて，まとまった動きができないか模索することにした。

関東圏には，大消費地の東京都と神奈川県が含まれる。「自治体」という意味では同質であるが，生産と消費の面からみると，その他5県とはステークホルダーの関係である。そこで，生産県を中心とした会合を持つことが可能かどうか農林水産省関東農政局にたずねてもらったが，難しいとの回答だった。そのため千葉県から埼玉，茨城，群馬，栃木の4県に声をかけ，自主的に皆で集まることになった。各県が千葉県の提案として会合を持つことに賛同したのは，千葉県職員が抱いていたのと同じような気持ちであったからであろう。

会合は，各県が集まりやすい場所として埼玉県が会場を手配した。各県の実情を知ってもらうために農林水産省生産局に声をかけ出席を依頼した。断られても致し方ないと思っていたが，農林水産省生産局の担当者も参加を快諾し，国を含めた情報共有の場となった。各県の担当者は，中間事業者から「消費者が忌避している」と言われ続けていたが，本当にそうなのか知ることができずにいた。大手流通事業者や生活協同組合連合会にも声をかけ，会合に参加してもらった。検査の結果を互いにもちより，また消費者からの問い合わせの現状などを共有した。中間事業者が調査し消費者の意向を聞いているとの確認はできなかった。

(4)「風評被害」と中間事業者

風評被害のメカニズムは，まず「人々は安全か危険かの判断つかない」「人々が不安に思い商品を買わないだろう」と市場関係者・流通業者が想定した時点で，取引を拒否し，価格下落という経済的被害が成立する。そして「経済的被害」「人々は安全か危険かの判断つかない」

「人々の悪評」を政治家・事業関係者，科学者，評論家，市場関係者が考える時点で「風評被害」が成立する（関谷，2003)。会合で，流通事業者は，消費者からの問い合わせも激減しているため，「人々が不安に思い商品を買わないだろう」というよりも「購入するのではないか」という考えを示した。自治体と同じように，検出限界以下の検査結果が続いており，いつまで検査を継続するのだろうかという本音も聞かれた。企業にとってはコストも大きな負担となっていたのであろう。市場関係者の中間事業者は，未だに「人々が不安に思い商品を買わないだろう」と考えているのではないかと，共通の認識を得た。

（5）各県における中間事業者への説明

会合を重ねるにつれ，中間事業者への説明が必要との共通認識が生まれた。各自治体の「麦」を扱う事業者の集まりで，検査に関する説明の時間をもらうことを，事業者の団体にお願いした。説明内容は，農林水産省ホームページに開示されている検査結果と，生産現場におけるリスク管理や放射性物質セシウムに関する基本的事項である。共通資料は私と農林水産省で作成した。ホームページからエクセル表をダウンロードし，５県別および５県全体について集計した。リスク管理についてはホームページの資料を簡略化し，農林水産省に間違いがないかチェックをしてもらった。また，実際の説明前には，説明者にリスクコミュニケーションのトレーニングとして，使用に気を付ける言葉などを提示し，注意点を説明した。

各々の県が説明を終えた後の会合で判明したことは，中間事業者は放射性物質セシウムやその検査，そして生産現場の取り組みについて，震災以降，一度も説明を受けたことがなかったということであった。リスクコミュニケーションとして消費者庁を中心に取り組んできた意見交換会などの参加経験もなかった。消費者の理解も重要であるが，風評被害のメカニズムからも，消費者に食品が届くまでに関わる事業者への丁寧な情報提供と意見交換が欠けていた。これは「対話を通じて共考する教育効果」（図６－１）の例としてあがっている出前講座に相当するのではないか。また同業でない事業者が集まるとしたら「相互理解や信頼感の醸成」（図６－１）に相当する会合ではないか。これらを無くしてリスクの受容は困難である。

（6）関係省庁の戦略づくり

リスクコミュニケーションは，戦略とそれに見合った戦術が重要である。戦略と戦術は，リスクコミュニケーションの進め方（図６－１）を参考に考えることができる。2016 年３月，農林水産省消費安全局の課長より相談がもちかけられた。それは，今後の検査のあり方をどうするのか，具体的にはガイドラインを改正するのかどうするのかについて，リスクコミュニケーションを実施するということであった。これまでのガイドライン改正はリスクコミュニケーションを実施することはなかった。リスクコミュニケーションの進め方（図６－１）を示しながら戦略と戦術をたてるようアドバイスした。

また，これまでの関東圏５県の取り組みとそこからわかったことや，農林水産省生産局の職員が参加していたことも伝えた。

（7）リスク比較

一般にリスクを比較してもそのリスクは受け入れ難い。そのため，リスク比較をメッセージに含めることには注意を要する。東京電力福島原子力発電所の事故において「この事故に伴う放射線被ばくのリスクは，レントゲン撮影や CT スキャンなどの医療被ばくのリスクよりも小さい」といった表現が，不適切であり，信頼を失うとIAEA（国際原子力機構）から指摘されている。なぜならば，すでにリスクに直面している状況であったこと，また，医療では，放射線被ばくは診断治療に役立ちかつ自分で負担するかどうかの決定ができることに対して，事故は不可抗力的に受動的に負担せざるを得なかったからである。

表6－3にリスク比較について，受け入れやすさを5つのランクに分類して示した（Cvello, 1989）。2016年には事故後から5年間の検査結果が出そろい，経年変化がわかる。その経年変化は，第1ランクの「最も受け入れられる比較」に相当することも伝えた。

（8）関係省庁によるリスクコミュニケーションの実践

農林水産省が取り組んだのは，一つは，ガイドラインによって検査が必須となっている17都県の担当部局を集めた意見交換会（非公開）や自治体へのアンケートの実施であった。これは「対話を通じて共考する」（図6－1）ことであろう。

もう一つは，消費者団体，食品関係事業者，生産者団体，輸出促進関係者，メディア関係者，学識経験者などステークホルダー71者に対するヒアリングの実施である。これは，「利害調整をしながらあくまで合意形成をめざす」（図6－1）取り組みであり，例としてあがっている戸別訪問に相当する。アンケートの結果では，約7割の団体等がガイドラインの改正に，賛成，どちらかといえば賛成という意見であった（農林水産省，2017）ここで示されたガイドラインの改正案は，検査対象自治体と対象品目の見直し，すなわち検査の「合理化」「効率化」である。

厚生労働省，農林水産省，内閣府食品安全委員会，消費者庁の4府庁が主催する意見交換会は1年間で全5回開催された。最初の2回は，5年間の検査結果を提示し現状について共有することが目的で（消費者

表6－3　リスク比較と受容

リスクランク	内容	例
第1ランク	最も受け入れられる比較	- 時期が異なる同一のリスクの比較 - 基準との比較 - 同一のリスクに対する異なる評価の比較
第2ランク	望ましさの劣る比較	- 何かを行うリスクと，それを行わないことの比較 - 同一の問題に対する異なる解決策間の比較 - 他の場所で起こった同一のリスクとの比較
第3ランク	更に劣る比較	- 平均的リスクと特定の時期や場所における最大のリスクとの間の比較 - ある悪影響を及ぼすひとつの源泉に起因するリスクと，同一の影響を及ぼすすべての源泉に起因するリスクの比較
第4ランク	僅かにしか受け入れられない比較	- コストとの比較，あるいはコスト／リスク比での比較 - リスクと便益との比較 - 職業リスクと環境リスクとの比較 - 同一の源泉に起因する他のリスクとの比較 - 同一の病気やけがをもたらすほかの特定原因との比較
第5ランク	ほとんど受け入れられない比較	- 関係の無いリスクとの比較（原子力と，喫煙，車の運転，落雷などを比較すること）

Cvello VT らの論文より著者が作図

庁，2016)，福島と東京で開催された。しかし，参加していた消費者からは，基準値をさらに低く，要するに厳しくすることを求める声が聞かれた。このように意見交換会では，本来の議論の目的から外れた意見も聞かれる状況が発生する。限られた時間を有効に活用するために，意見交換のファシリテーションが重要となる。また西日本の自治体からの参加者から，情報不足が指摘された。そのため，2017 年 1 月からの具体的な改正案を示した意見交換会（消費者庁，2017）では，前回の開催地に大阪を追加し 3 か所で開催した。農林水産省と厚生労働省からのプレゼンテーションでは，事前に打ち合わせをし，誤解を生じないように禁忌の用語を確認し，資料にも反映させた。「効率化」「合理化」の用語を用い，「縮小」は用いなかった。意見交換会を報道する新聞の見出しには「縮小」と書かれたが，大きな社会的混乱にはつながらなかった。

意見交換会でのアンケート結果では，ガイドラインの改正案に反対する人の割合は少なく，意見表明なしが8割であった。先述したステークホルダー71者へのアンケート結果などから，国は2017年3月ガイドラインを改正した（厚生労働省，2017）。検査対象自治体が見直され，17都県から3県になり，検査対象品目も見直された。ガイドラインの本文中「改正の主旨」には，「平成28年度には，原発事故から5年以上が経過し，放射性物質濃度が全体として低下傾向にあり，基準値を超える品目も限定的となっていること等を踏まえ，検査対象自治体の見直しなど，より合理的かつ効率的な検査のあり方について，消費者を含む関係者の意向を把握した上で検討が行われました」と記述がある。この「消費者を含む関係者の意向を把握した上で検討が行われました」の一文からリスクコミュニケーションを実施したことがわかる。

6. 戦略と評価

リスクコミュニケーションの戦略がたてられたか，実際はわからない。社会的混乱が生じると「リスクコミュニケーションが，できていない」という批判も聞かれる。まずは，日常のリスクコミュニケーションが重要である。緊急時のような社会的混乱が発生している時に，慌てて対応しても日常できていないことができるとは考え難い。

また，リスクコミュニケーションが実施主体によって評価されているかわからない。評価結果によって改善され，リスクコミュニケーションはすすめていかなければならない。実践する側となった場合には，戦略だけでなく，評価まで考えなければならない。

〉〉注

注1）デルファイ法は，質的調査法のひとつで，専門家を対象とした質問紙調査である。対象者間での意見の優先度が明らかになる。回答者数は20名以上で，一部の意見の影響を受けないように回答は無記名で行われる。設問に対する意見を自由記述で回答してもらい，得られた結果をフィードバックし，他の参加者の意見も見てもらいつつ，各意見に対して優先順位をつけてもらう。優先度が高い意見に高い点数を付与し，各意見の総得点を集計し，結果を再度フィードバックする。各意見の優先度を確認してもらい，再度優先順位をつけてもらう。これにより，対象者間の収束した見解を，優先度をもって明らかにすることができる。

参考文献

厚生労働省（2017）原子力災害対策本部．検査計画，出荷制限等の品目・区域の設定・解除の考え方．https://www.mhlw.go.jp/file/04-Houdouhappyou-11135000-Shokuhinanzenbu-Kanshianzenka/0000156398.pdf

消費者庁（2016）食品に関するリスクコミュニケーション～食品中の放射性物質に対する取組と検査のあり方を考える～開催概要（福島会場）．https://www.caa.go.jp/disaster/earthquake/understanding_food_and_radiation/r_commu/160829_koriyama_giji.html

消費者庁（2016）食品に関するリスクコミュニケーション～食品中の放射性物質に対する取組と検査のあり方を考える～開催概要（東京会場）．https://www.caa.go.jp/disaster/earthquake/understanding_food_and_radiation/r_commu/160902_tokyo_giji.html

消費者庁（2017）食品に関するリスクコミュニケーション～食品中の放射性物質の検査のあり方を考える～開催概要．https://www.caa.go.jp/disaster/earthquake/understanding_food_and_radiation/r_commu/17_0130_0202_0217_giji.html

関谷直也（2003）「風評被害」の社会心理―「風評被害」の実態とそのメカニズム―，災害情報1（0），pp.78-89.

内閣府食品安全委員会企画等専門調査会（2015）「食品の安全に関するリスクコミュニケーションのあり方について」報告書．https://www.fsc.go.jp/osirase/pc2_ri_arikata_270527.data/riskomiarikata.pdf

農林水産省（2002）BSE 問題に関する調査検討委員会報告．BSE 問題に関する調査検討委員会．https://www.maff.go.jp/j/syouan/douei/bse/b_iinkai/pdf/houkoku.pdf

農林水産省（2017）～平成 29 年度以降の検査の合理化・効率化に関する関係者の意見の概要～．https://www.maff.go.jp/j/syouan/seisaku/radio_nuclide/attach/pdf/index-4.pdf

Abe A, Koyama K, Uehara C, Hirakawa A, Horiguchi I（2020）Changes in the Risk Perception of Food Safety between 2004 and 2018. Food Safety. 8（4), pp.90-96.

Cvello VT, Sandman PM, Slovic P.（1989）*Risk Communication, Risk Statistics, and Risk Comparisons: A Manual for Plant Managers*. Chemical Manufacturers Association.

Horiguchi I, Koyama K, Hirakawa A, Shiomi M, Tachibana K, Watanabe K（2022）The importance and prioritization of information communicated to consumers regarding food safety. Food Safety. 10（1), pp.43-56.

Linstone H A, Turoff M, ed.（1975）The Delphi method：techniques and applications. Reading, Mass：Addison-Wesley.

World Health Organization（2020）Emergencies：Risk communication. https://www.who.int/news-room/questions-and-answers/item/emergencies-risk-communication

7　化学物質のリスクコミュニケーション

岸本充生

《学習のポイント》　化学物質分野はリスク概念が最も早く導入された分野の1つであり，リスク評価手法も早くから確立された。リスクコミュニケーションという言葉は，「特定化学物質の環境への排出量の把握等及び管理の改善の促進に関する法律（化管法）」の制定と「安全・安心」ブームに乗って普及し，2000年代初頭にはリスクコミュニケーションブームともいえる状況が生まれた。しかし，近年，リスクコミュニケーション活動は停滞しているように見える。本章では，事業所レベルでの近隣住民に対する化学物質リスクコミュニケーションに焦点を当て，前半では化学物質のリスクとリスク評価について，後半ではリスクコミュニケーションの実際について，到達点と課題を解説する。

《キーワード》　化学物質，有害性，曝露量，リスク評価，解決志向リスク評価，PRTR制度

1．化学物質の基礎知識

（1）化学物質に対する誤解

化学物質は身の回りにありふれているにもかかわらず，とにかく誤解を受けやすい対象である。2001年に出版された「化学物質のリスクコミュニケーション手法ガイド」にはリスクコミュニケーションを実施するにあたり関係者がしばしば持っている10項目の誤解が挙げられた(浦野，2001)。どこが誤解であるのか考えながら本章を読んでほしい。

① 化学物質は危険なものと安全なものに二分される。

② 化学物質のリスクはゼロにできる。
③ 大きなマスコミの情報は信頼できる。
④ 化学物質のリスクについては，科学的にかなり解明されている。
⑤ 学者は，客観的にリスクを判断している。
⑥ 一般市民は科学的なリスクを理解できない。
⑦ 情報を出すと無用の不安を招く。
⑧ たくさんの情報を提供すれば理解が得られる。
⑨ 詳しく説明すれば理解や合意が得られる。
⑩ 情報提供や説明会，意見公募などがリスクコミュニケーションである。

（2）化学物質とは何だろうか

化学物質は元素と化合物からなり，CAS 番号（アメリカ化学会 Chemical Abstracts 誌による化合物番号）がついている有機及び無機物質の数は1億を超えており，毎日 15,000 物質が追加されているという。世の中に存在するものはすべて化学物質であり，水だって，空気だって，私たち自身だって化学物質のかたまりである。しかし，一般に「化学物質」と言われる際には，暗黙に「人工化学物質」を指していることが多い。その背景には，人工の化学物質が天然の化学物質よりも危険であるという先入観がある。しかし，天然化学物質は人工化学物質よりも安全であるという保証はまったくないし，むしろ天然のものに毒性の強いものが多いのが現実である。例えば，フグ毒のテトラドトキシン，ボツリヌス菌が産生する毒素であるボツリヌストキシンなどが挙げられる。また，ダイオキシン類も，人為的活動がなくても発生するという意味では天然の化学物質ということもできる。さらに，人工化学物質には動物試験などを経て安全性の審査を受けているものが多いのに対して，天然のものには安全性に関するデータが不足しているものが多い。

私たちの生活は人工化学物質のおかげで便利かつ安全になった。例えば，防疫殺虫剤のおかげで戦後の公衆衛生は大きく改善され，生物を媒体とする伝染病のリスクを大きく減らした。他方で，20世紀後半には私たちは，イタイイタイ病，2つの水俣病，四日市ぜんそく，森永ヒ素ミルク中毒事件，カネミ油症事件といった，化学物質の摂取を起因とする公害や食中毒事件を経験した。

（3）曝露と影響の分類

私たちが化学物質を摂取する経路としては，屋外大気や室内空気を吸い込む「吸入」，食品や飲料水として飲み込む「経口」，そして化粧品などを通して直接皮膚が触れる「経皮」の3通りが想定される。これらは，当該化学物質を直接摂取する直接曝露と，環境中に排出され環境媒体を経由してから摂取する間接曝露に分かれる。後者は例えば，事業所から大気に排出された化学物質が草地に沈着し，牧草を食べた牛の肉を通して当該化学物質を私たちが摂取する場合などが挙げられる。

労働環境における作業者への曝露は，一般環境とは区別して扱われる。そのため，作業環境基準値と一般環境基準値は通常異なり，後者の方が厳しくなる。これは，前者の場合は成人が中心であるのに対して，後者は子どもや高齢者などの脆弱な人々も広く含むためである。2016年に労働安全衛生法が改正され，事業場で扱う640物質にリスク評価やラベル表示が義務付けられ，労働者に対するリスクコミュニケーションも強く求められている。

影響は，顕在化するまでの時間によって急性影響と慢性影響に分けられる。化学物質の毒性の強さはLD50（半数致死量）の大きさで比較されることが多いが，これは曝露後24時間以内を指す「急性毒性」の1

つの指標である。急性毒性に対して，微量ではあるが継続的に摂取することで時間をおいて影響が現れるような毒性を，慢性毒性あるいは長期毒性と呼ぶ。

影響の対象はヒトと生態系に分けられる。ヒトの場合は一人一人の個人にとっての健康リスクが問題となるが，生態系については何を指標とするかが難しい。私たちは動植物を食している以上，絶滅危惧種を除くと，1個体のリスクを議論することにはあまり意味がない。そのため，生態リスク評価では，個体群や種を保護することを目標として実施されることが多い。また，生態系を保護する理由としては，人間のために価値があるからとする考え方に加えて，生態系そのものに保護する価値があるとする考え方もある。

（4）規制の分類とその効果

化学物質のヒトや生態系へのリスクに対する規制は，使用前に審査する「入口規制」と，使用後の環境中への排出を管理する「出口規制」に分けることができる。大気汚染防止法や水質汚濁防止法は出口規制である。入口規制については，第二次世界大戦直後の混乱の中で，毒物や劇物による他殺や自殺が相次いだことから，1950年に「毒物及び劇物取締法」が施行されたことが始まりである。この法律では原則的にLD50（半数致死量）の大きさに基づいて化学物質が規制されている。しかし当時はまだ慢性毒性，すなわち微量であるが長期間摂取することによって健康被害が出る，すなわち摂取から被害の発生までに時間がかかるような毒性の存在はあまり知られていなかった。1968年に発覚したカネミ油症事件を契機に，ポリ塩化ビフェニル（PCB）などがこれまでとは違った毒性，すなわち難分解性，高蓄積性，長期毒性を併せ持つことが明らかになった。そのため，これらの特性（ハザードと呼ばれる）を持っているかどうかを新規化学物質の使用前にチェックするため，化審法（化学物質の審査及び製造等の規制に関する法律）が1973年に成立した。化審法の2003年の改正ではヒトの健康だけでなく，水生生物の保護も法の目的に追加された。

1つの事例として，東京都におけるベンゼンの大気中濃度の平均値の推移を見てみよう（図7-1）。ベンゼンは工業原料としての用途に加えて，ガソリンにも含まれていることから自動車排ガスに多く含まれていた。1996年に3μg/m^{3}という大気環境基準値が設定された際には，大気中濃度はこれを大幅に超過していた。しかし，ガソリン中のベンゼン濃度規制が強化されるなど，各種の排出削減対策が効いた結果，近年では沿道を含む全地点で環境基準を達成できている。

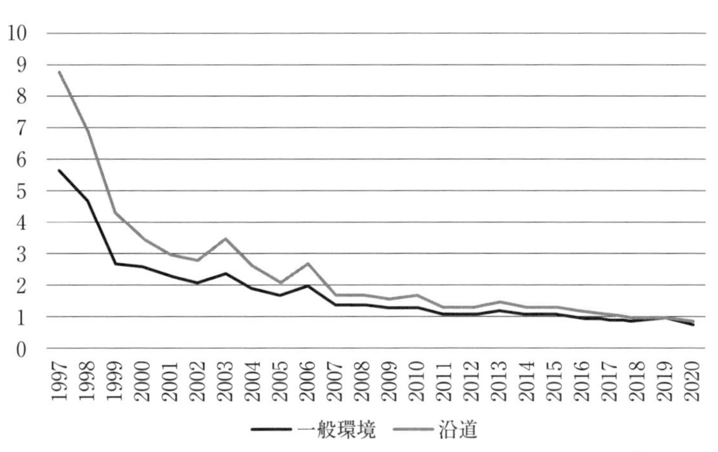

図7-1　ベンゼンの大気中濃度の推移（単位：μg/m^3）

出所：東京都環境局「有害大気汚染物質モニタリング調査」
https://www.kankyo.metro.tokyo.lg.jp/air/air_pollution/gas/monitoring_study.html

2. 化学物質のリスクの評価と管理

（1） 有害性と曝露量

化学物質の慢性健康リスクは，有害性（ハザード）の程度と曝露量（摂取量）の２つの要素からなる。すなわち，有害性が強くても，曝露量が少なければリスクは小さいかもしれないし，有害性が弱くても，曝露量が大きければリスクは大きいかもしれない。特に，有害性の程度とリスクの大きさは必ずしもイコールではないという点がポイントである。私たちは反射的に，（曝露量を気にせず）有害性の大きさだけでリスクの大きさを判断しがちである。今から約500年前，医師であり錬金術師であり，そして毒性学の父とも言われているパラケルススがすでに「すべてのものは毒であり，毒でないものなど存在しない。その服用量こそが毒であるか，そうでないかを決めるのだ」という名言を残している。

（2） リスク評価の制度化

先に紹介した化審法では，当初は，難分解性，高蓄積性（生物濃縮性），長期毒性を持つ化学物質のみを規制の対象としていた。その後，トリクロロエチレン等の全国的な地下水汚染が顕在化し，1986年の法改正において，規制対象が，生物濃縮性が低い物質にも拡大された。このとき，有害性（ハザード）に加えて，環境中の残留状況をもとに，被害が生じる可能性のあるレベルであるかどうかを判断することになった。「リスク」に基づくアプローチの事実上の始まりである。化学物質規制は，国際的にもハザードベースからリスクベースの評価に移行していることを受けて，2009年の法改正において化審法も明示的にリスクベースに移行した。また，1973年の法成立以前から使用されていた化学物質はこれまで規制の対象外とされていたが，それらの「既存」化学物質に対しても，スクリーニングレベルのリスク評価を行い，リスクの懸念の高い物質を見出す取り組みも始まった。

（３）リスク評価のプロセス

化学物質のリスク評価のプロセスを図７-２に示す。左側が有害性評価の流れ，右側が曝露評価の流れを示す。すでに大量に使用されている物質の場合，環境中濃度やバイオマーカー（毛髪や血液などの人体中の濃度）を計測することによって曝露評価，すなわち私たちがどれだけの化学物質を摂取しているかの見積もりが可能である。しかしこれから使用を開始する，あるいは使用されているものの量が少ない段階での曝露評価においては，曝露量を計測するわけにはいかず，予想される使用量や使用方法をもとに推計する必要がある。そのためには，工場などの固定発生源では，使用量に排出係数，すなわち使用量のうちで環境中に排出される割合を掛け合わせて環境排出量を予測し，大気や水といった環境中の動態を数理的にシミュレートするモデルに適用して，ヒトの曝露量を推計する。有害性評価は最初に，その化学物質が持つハザードの種

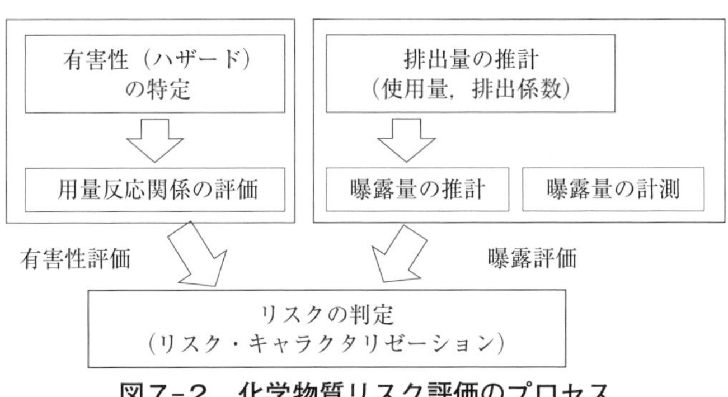

図７-２　化学物質リスク評価のプロセス

類を特定する。それらのハザードの種類ごとに，動物試験やヒト疫学のデータから，用量（曝露量や摂取量）と有害性の発現頻度の関係，すなわち用量反応関係を導出する。最後に，用量反応関係と曝露量を照らし合わせることでリスクの判定（リスク・キャラクタリゼーション）が行われ，これを１つの重要な参考情報としてリスク管理措置が実施されたり，されなかったりする。

化学物質の有害性評価では，閾値（いきち）ありと閾値なしの２通りの評価がなされる。最初の有害性（ハザード）評価においてまず，動物試験やヒト疫学のデータなどに基づき，発がん性の有無が評価され，発がん性があると判断された場合は，その発がんのメカニズムが検討され，遺伝子を直接損傷させて発がんに至るパターンか，それ以外のメカニズムによる発がんかが検討される。前者の場合は「遺伝毒性あり」，後者の場合は「遺伝毒性なし」と判断される[1)]。そのうえで，その用量反応関係において，遺伝毒性ありの発がん性物質は，「閾値なし」，遺伝毒性なしの発がん性物質と非発がん性物質は「閾値あり」と仮定される（図７－３）。閾値とは，これ以下なら影響が見られないとされるレベル

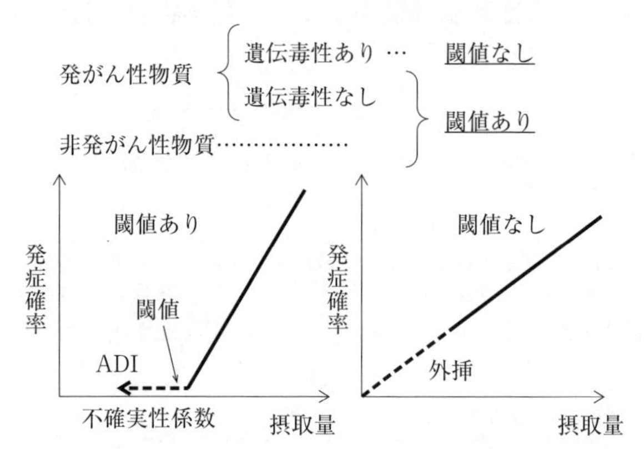

図７－３　化学物質規制行政における２種類の有害性評価

を意味している。閾値ありの場合は，図７-３の左のように，リスクが無視できる摂取量が存在することが仮定されるのに対して，閾値なしの場合は，右のように，用量反応関数は原点を通る直線（または曲線）となる。閾値ありの場合は，閾値とみなされる「無毒性量（無影響濃度)」を不確実性係数（安全係数）で割って，環境基準値や一日許容摂取量（ADI）などが導出される。閾値なしの場合は動物試験やヒト疫学におけるデータが原点（曝露ゼロのところ）まで外挿される。閾値なしの物質について，分析技術が未発達だった頃は「検出されない」ことをもってリスクが無視できるとみなすという運用がされていたが，分析技術が発達した1980年代には水道水中や大気中で多数の微量の（遺伝毒性ありの）発がん性物質が見つかるようになった。そのため，日本では，閾値がない化学物質については，生涯発がん確率「10万分の１」のレベルを，事実上の安全レベルとみなして管理されている。

（４）解決志向リスク評価

前節で紹介したリスク評価は，ある化学物質の現状の健康リスクの大きさを評価する枠組みである。現状のリスクの大きさについて分かりやすく示し，住民や消費者等のステークホルダーとコミュニケートする場合には有用であるが，規制的手段を含めた複数の対策オプションの影響についてコミュニケートする必要がある場合はもう少し込み入った枠組みが必要になる。例えば，ある化学物質の使用や排出を削減しようとすると，別の化学物質の使用や排出が増える場合や，ある化学物質の排出量を減らすために追加的なエネルギーが必要で，二酸化炭素の排出量が増えてしまう場合などが挙げられる。あるリスク（目標リスク）を減らそうとして別のリスク（対抗リスク）が増える事象は，「リスク・トレードオフ」と呼ばれ，過去にも様々なケースで顕在化している。リスク・トレードオフは表7-1のように4種類に分類できる（Graham and Wiener, 1995）。例えば，工業用洗浄剤の分野では，トリクロロメタンやジクロロメタンといった塩素系洗浄剤が炭化水素系や水系の洗浄剤へ代替されてきた。塩化水素系や炭化水素系は大気へ，水系は公共水域に排出される。また，塩化水素系洗浄剤は単体での健康リスクを，炭化水素系洗浄剤は大気中でオゾン（オキシダント）に二次生成することによる健康リスクを，水系洗浄剤は生態系へのリスクが主要なリスクとなる。これらの洗浄剤の代替では，リスク代替やリスク変換が生じたと言える（梶原ら，2013）。

通常のリスク評価は，ある特定の化学物質を対象に，当該物質ありきで実施されてきた。しかし実際的な視点からは，まず，洗浄したい対象や溶媒としての用途といった解決したい課題があり，その解決策の1つとして当該化学物質の利用を位置づける必要がある。そうした場合，当該化学物質のリスクだけでなく，代替される化学物質のリスクや，社会経済的な影響も含め，複数の対策オプションについてそれぞれの影響全体を予測することが必要となる。こうしたアプローチは「解決志向リス

表7-1　リスク・トレードオフの分類

		目標リスクと対抗リスクのタイプの異同	
		同じタイプ	異なるタイプ
目標リスクに対して，対抗リスクが影響を与える対象	同じ集団	リスク「相殺」	リスク「代替」
	異なる集団	リスク「移転」	リスク「変換」

（注1）目標リスク＝対策によって減らそうとするリスク

（注2）対抗リスク＝代替によって新たに生じるリスク

（出典）John D. Graham and Jonathan B. Wiener, *Risk vs. Risk: tradeoffs in Protecting Health and the Environment*, Harvard University Press, 1995 の Table 1.2 を基に筆者作成。

ク評価(solution focused risk assessment)」と呼ばれる（永井，2013)。リスクコミュニケーションにおいてコミュニケートすべき内容は，当該化学物質の現状のリスクレベルだけで十分な場合もあれば，解決すべき課題に対する対策の選択肢が複数提示され，それぞれの場合で目標リスクと対抗リスクがどれくらい増減し，どのような社会経済的な影響が生じることが予想されるかまで含めるべき場合もあるだろう。また，感染症対策においても，現状，あるいは何も対策を行わなかった場合の感染者数等を予測するベースラインのリスク評価だけでなく，複数のありうる対策オプションを想定したうえで，感染リスクの動向や経済への影響を含む様々な社会への影響の予測が定量的に提示されれば，政策決定や社会のコンセンサス作りに役に立つだろう（岸本，2020)[2)]。

3. 化学物質リスクコミュニケーションの実際

(1) PRTR 制度の開始

1999 年に化管法（特定化学物質の環境への排出量の把握等及び管理の改善の促進に関する法律）が制定され，354 種類の化学物質（2011 年から 462 物質に増加）を対象に，一定規模以上の工場からの大気・公共用水域・土壌への年間排出量と年間移動量の毎年の届出と公表が義務付けられた。この制度は PRTR（化学物質排出移動量届出制度）と呼ばれている。データは 2003 年 3 月 20 日に初めて公表された。法律の目的は「事業者による化学物質の自主的な管理の改善を促進し，環境の保全上の支障を未然に防止すること」とされ，排出量を削減せよとは直接書かれていない。しかし，排出実態が社会に公表されることが，事業者の排出削減への強い動機づけとなり，当初は環境中への排出量が順調に削減された（図 7 - 4）。しかし，容易に排出削減できる箇所から対策が実施されることから，施行から 20 年近く経った近年は排出量削減が頭打ちとなっている。

化管法の第４条には，事業者の責務として「…その管理の状況に関する国民の理解を深めるように努めなければならない」と，また第17条には国や地方公共団体も「…化学物質の性状，管理・排出状況等に関する国民の理解増進の支援に努める」と書かれた。これらの要請に応えるため，2000年前後に我が国最初のリスクコミュニケーションのブームが起きることとなった。こうした背景には，公害時代からの激甚な健康被害から，多種類の物質による低濃度の曝露へとリスクの性質が変化したことが挙げられる。特定のいくつかの「悪玉」化学物質を叩けばよかった公害時代と比べて，1990年代以降は，大気や水系において，発がん性物質を含め，多数の化学物質をどのように管理していくかが問題となり始めた。その中で法規制に加えて「自主的取り組み」という方法が注目されるようになった。また，1990年代末にはダイオキシン類や

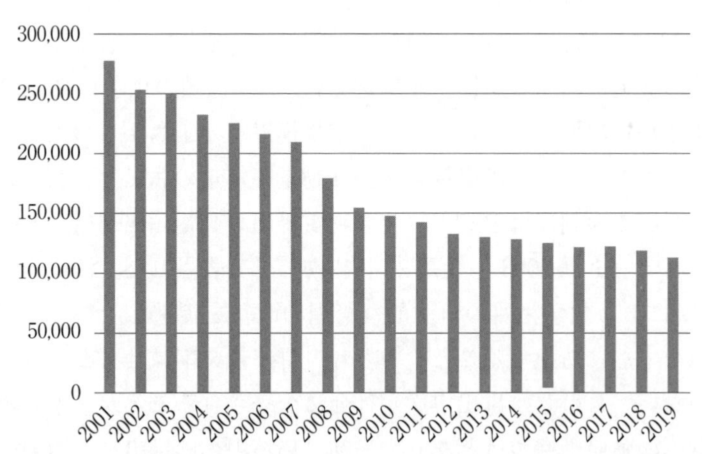

図７-４　PRTR 制度による大気排出量の経年変化（継続物質のみ，縦軸トン/年）

出所：環境省 PRTR インフォメーション広場

いわゆる環境ホルモン問題が関心を集めていた時期でもあった。

関係機関や地方自治体は，初めてリスクコミュニケーションを実施する事業者向けにマニュアルを作成し，その普及に努めた。旧環境庁と旧通商産業省の支援のもとで，日本化学会は1997年から1999年まで「化学物質のリスクコミュニケーション手法検討会」を設置し，研究者に加えて，地方自治体職員，事業者，消費者団体，マスメディア等の幅広いメンバーが参加し，リスクコミュニケーションのあり方が議論された。その結果は，化学物質のリスクコミュニケーション手法ガイドとして出版された（浦野，2001）。東京都も2003年，中小企業向けのガイドラインを公表し，東京都の課題として，住宅と小規模な工場が混在している中に，新しい住民が増えることによるコミュニケーション不足が挙げられた（東京都，2003）。また，大企業に対しては，実施の契機として，工場見学会，地域との交流会，お祭り，行政が行うイベント等の様々な機会を利用したり，パンフレットを作成し周辺住民に回覧したり，ホームページに掲載したりすることにより意見を求めたりすることで，対話を行うことが推奨された。提供する情報としては，事業の内容や化学物質の管理のための組織や方法とともに，化学物質の使用量，排出量，処理状況，保管状況など，さらには使用化学物質の環境濃度，毒性，代替品への転換の検討状況が挙げられた。これに対して中小企業に対しては，大規模な説明会等は必要なく，簡易な環境報告書（ミニ環境報告書）を作成し，周辺住民へ配布するとともに，業界団体等のホームページを利用して，その周知を図ることが推奨された。そのほか，愛知県や岐阜県などでも事業者向けにリスクコミュニケーションのためのマニュアルが作成された。

(2) リスクコミュニケーションの実践

化学物質の分野では「リスクコミュニケーション」活動は，事業所において近隣住民を対象として年に一度程度開催するイベントとして位置づけられてきた。実際にはどのような形で事業所レベルのリスクコミュニケーションは行われているのだろうか。独立行政法人製品評価技術基盤機構（NITE）化学物質管理センターは2000年代半ばから「リスクコミュニケーション国内事例」の調査を実施している。最新の調査は2014年に実施され，その結果が2015年3月に発表されている（株式会社タイム・エージェント，2015)。PRTR届出事業者のうち，13,355事業所に調査依頼し，2,392事業所（17.9％）から回答が得られた。リスクコミュニケーションは469事業所，すなわち回答事業所のうち約2割で実施されていた。取り組みの形式は図7-5のとおりである。過去の調査と比べて大きな変化はない。実施の頻度は，「定期的」が62.5%，「不定期」が35.8%であり，「1年に1回」が68.3%で最も高かった。

イベント参加者の属性を見ると，「近隣住民」が256事業所（平均参加者数157.2人）で最も多く，次いで「貴社（貴事業所と他事業所の合計)」が236事業所（平均参加者数56.3人)，「自治体職員」が136事業所（平均参加者数13.0人）と続いている。また，プログラムの内容は，「質疑応答・意見交換会」が65%（実施した際の平均所要時間33分）で，次いで「会社・事業所紹介」が62%（実施した際の平均所要時間17.3分）で，「事業所の環境活動報告」が57%（実施した際の平均所要時間25.2分)，「工場見学」が57%（実施した際の平均所要時間49.0分）であった。この傾向も以前とほとんど変わらない。リスクコミュニケーションの中で説明した内容としては，廃棄物対策や温暖化対策が多く，「化学物質の排出量（PRTR制度など)」は26%，「化学物質のリスクに関する情報」は24%とあまり高くない。東日本大震災後にはこれらの項目の説明が減り，代わりに「地震，災害時の対応」や「省エネ」が増加したという(竹田，2018)。参加者からの質問についても「地震，災害時の対応」が17%で最も多く,「化学物質のリスク」は７%と低い。

「化学物質のリスク」に関する情報を説明したと回答した89事業所は具体的にどのような内容を「コミュニケート」したのだろうか。図７-６にその内訳を示す。このうち14社（15.7%）が「リスク評価結果」と回答しているが，竹田（2018）は「その記載は，使用する化学薬品の危険性や取扱い上の注意，使用化学物質について，排出量，排出物の内容の３例であり，リスク評価に関して説明している具体的な事例は把握できなかった。」とコメントしている。逆に,「化学物質のリスクに関す

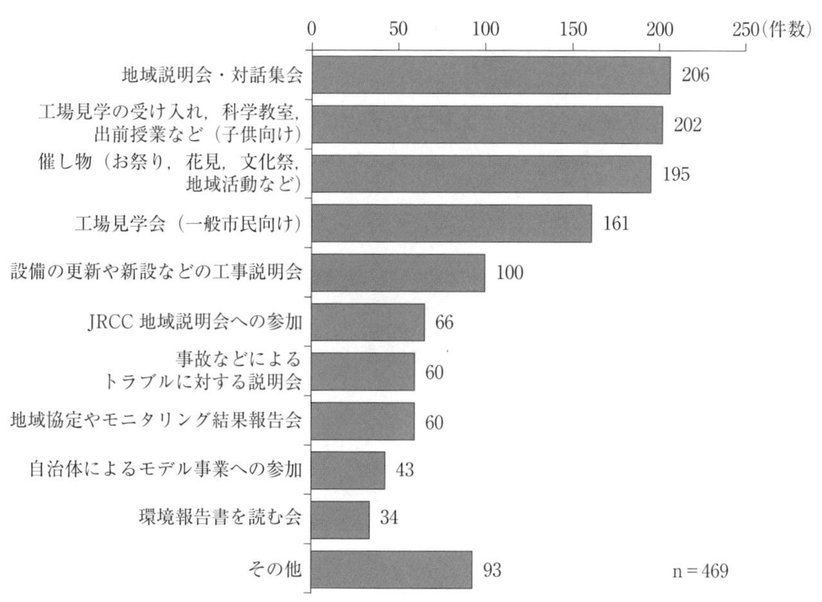

図７-５　リスクコミュニケーション活動の取り組み形式（複数回答）

出所：株式会社タイム・エージェント（2015）図表１-４を引用

る情報」を説明しなかった282社に対してその理由を聞いた結果が図7－7に示されている。4割近くが「開示の必要性を感じないため」と回答している。これは参加者からのリスクに関する質問が少ないことにも原因があるかもしれない。また，約15%が，「地域住民などが過剰に

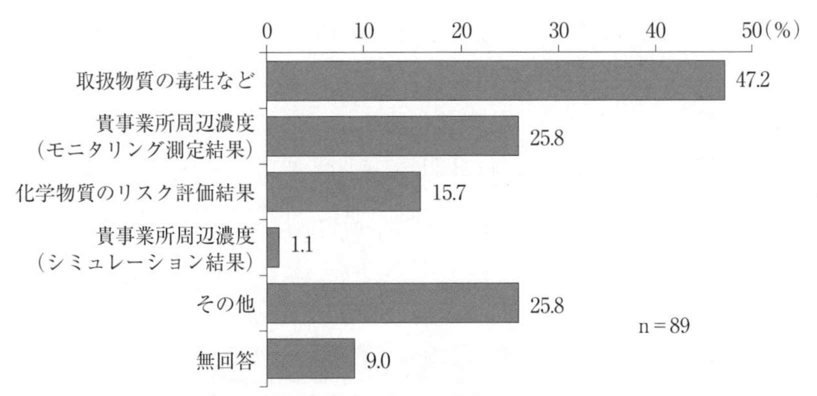

図7-6　化学物質のリスクに関する具体的な説明内容（複数回答）
出所：株式会社タイム・エージェント（2015）図表3-1を引用

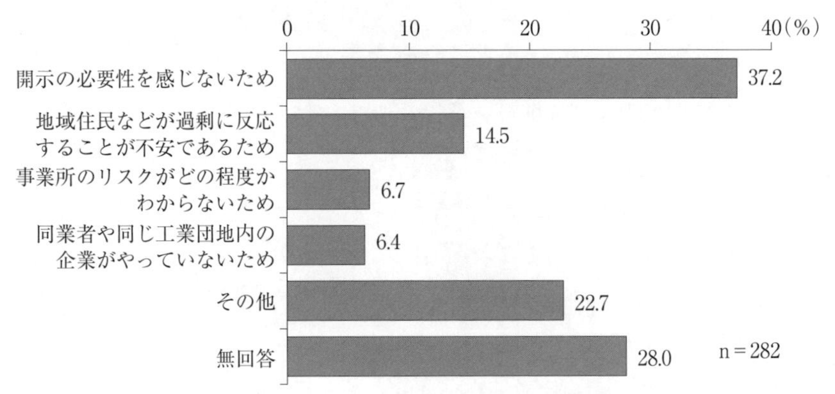

図7-7　「化学物質のリスクに関する情報」を説明しなかった理由
出所：株式会社タイム・エージェント（2015）図表3-2を引用

反応することが不安であるため」と回答している点も興味深い。いずれにせよ，「リスクコミュニケーション」と称するイベントにおいて「リスク」の大きさや性質に関する説明が実際はあまりなされていないということが分かる。

（3）リスクコミュニケーションの効果

事業所で実施されるリスクコミュニケーションの目的は何だろうか。逆に言うと，どうなれば「成功」したことになるのだろうか。目的の達成度が調査された例はあまり多くない。松橋らは，2002年に東京で実施された2つの事業所の環境報告書説明会において，参加人数は46名と62名と少ないが，イベントの前後で参加者の化学物質に対する不安がどのように変化したかを調べた。その結果，両事業所とも，事前に多かった「よくわからない」と回答した人が減って，「ほとんど不安に思わない」と回答する人が大きく増えたが，同時に「不安に思う部分がある」と回答した人も少し増えた。そして，不安が残ったと回答した合計22人に，不安を解消するためにどのような追加的な情報が必要かを複数回答で尋ねたところ，最も多かったのは「問題発生時の情報公開の約束」であった。何も起こらないことを熱心に説明するよりも，何かあった際の対応が準備されていることきちんと示す方が不安を減らすのに効果的であることを示唆している。次に「もっと分かりやすい説明」，「日常の情報公開・コミュニケーションの一層の推進」，「影響が起こる確率を示す科学的予測」と続いた。

4.「リスク」のコミュニケーションに向けて

化学物質は，第2節で説明したように，他の分野と比べて，具体的・定量的なリスク評価の進んだ分野である。それでも，上に見たように，現実のリスクコミュニケーションとされる場面においては必ずしも「リスク」の評価結果がコミュニケートされているわけではないことが分かる。その理由の1つに，必ずしも事業者が外部から「リスク」の大きさに関する情報を求められていないと感じていることが挙げられる。近本は，「(リスクコミュニケーションにおける）苦悩をまとめると，第一は，地域住民は「化学物質リスクに関心がない」ということ，第二は，受け手に「議論のできる組織がない」ということである」としている(近本，2008)。化学物質に関するリスクやそれらのコミュニケーションに対する市民の無関心は，事業者がリスク評価に取り組んだり，その結果を分かりやすく説明したり，住民の要望や意見を取り入れたりといった取り組みを遅らせるという悪循環に陥らせる。しかし，福島第一原子力発電所事故の直後に市民の放射線リスクへの関心が突然高まったことを想起すれば，化学物質についてもいったん事故や事件が起きれば市民の関心は一気に高まることが予想される。何らかの事故・事件が起きてから慌ててリスクの大きさを推計し，リスクコミュニケーションを開始するようでは信頼を回復するまでに長い時間を要することになるだろう。たとえ近隣住民や消費者からの関心が低くとも，事業活動や製品がどういう理由で安全であると考えているかについてのリスクに基づく説明をきちんと用意し，年に一度のイベントに限定されず，地道なリスクコミュニケーション活動を継続することはいざというときに信頼を勝ち取ることには必ず役に立つだろう。

本章では第3節において，化学物質のリスクコミュニケーションの代表的な事例として，PRTR 制度に伴うリスクコミュニケーションを取り上げた。しかし，PRTR 制度の開始から 20 年が経ち，届出排出量の削減は完全に頭打ちになっている。制度開始当初は，PRTR 届出物質の環境排出量の削減実績を示してきた事業者も，近年では PRTR 排出量を示すことの意味を見出しづらくなってきている。それならば，現状において，近隣住民への健康リスクの観点から，懸念すべきリスクはないため，これ以上排出削減を行う必要がないと考えているということを，定量的なリスク評価結果をもとに，近隣住民にコミュニケートするというやり方に移行してはどうだろうか。また，年に一度のイベントにこだわる必要もなく，ウェブサイト等を利用して恒常的なリスクコミュニケーションも可能である。

リスクコミュニケーションに関わる関係者についても，事業者と地域住民だけでなく，行政（地方自治体）やNPO，研究者，マスメディア，さらには，従業員，株主，地方議会議員，学生，児童というように広がりうる。先に述べたように，東日本大震災後は，防災面が重要視されるようになった。リスクコミュニケーションの対象も，化学物質の定常的な排出に伴うリスクだけでなく，爆発や火災の原因となりうる化学物質の保管情報や，自然災害にあった場合の化学物質の漏洩防止対策や，万が一の漏洩があった場合の対策やリスク情報に拡大されるべきだろう（伊藤，東海，2021）。

最後に，事業所における化学物質リスクコミュニケーションで実施される，現状のリスクレベルをコミュニケートするケースだけでなく，政策決定者とのリスクコミュニケーションのためには，先に紹介したように，課題解決のための複数オプションを挙げたうえでそれぞれの影響を評価するアプローチ，すなわち「解決志向リスク評価」が必要になる。リスクのトレードオフが重要となる場合には，目標リスクだけでなく，対抗リスクの評価も合わせて実施したうえで，総合的なリスクコミュニケーションが必要となる。

〉〉注

注１）遺伝毒性（genotoxic）は遺伝子障害性とも呼ばれる。毒性が遺伝することを表すのではなく，遺伝子を直接損傷するメカニズムにより発がんに至るプロセスを持つことを指す。

注２）製品やサービスのライフサイクル（資源採取から廃棄・リサイクルまで）に着目し，また多様な環境負荷を統一指標で集計する試みは，ライフサイクルアセスメント（LCA）と呼ばれる。

参考文献

伊藤理彩，東海明宏（2021）「災害・事故に起因する化学物質リスクの評価・管理手法」リスク学研究 30 (3)，pp.127-131.

浦野紘平編著（2001）「化学物質のリスクコミュニケーション手法ガイド」ぎょうせい.

梶原秀夫，井上和也，石川百合子，林彬勒，岸本充生（2013）「塩素系工業用洗浄剤の排出削減対策に対するリスクトレードオフ解析」日本リスク学会 23 (3)，pp.173-180.

株式会社タイム・エージェント「平成 26 年度リスクコミュニケーションの国内事例調査報告書」独立行政法人製品評価技術基盤機構請負業務成果報告書，平成 27 年３月．http://www.nite.go.jp/chem/management/risk/rcjirei_h26.pdf

岸本充生（2020）「エマージングリスクとしての COVID-19―科学と政策の間のギャップを埋めるには―」日本リスク研究学会誌 29 (4)，pp.237-242.

竹田宣人（2018）「PRTR 制度におけるリスクコミュニケーションの現状について」日本リスク研究学会誌 27 (2)，pp.53-61.

近本一彦（2008）「リスクコミュニケーションの現場における苦悩」日本リスク研究学会誌 18 (2)，pp.23-31.

東京都（2003）東京都における化学物質に関するリスクコミュニケーションのあり方について（報告書），東京都リスクコミュニケーションあり方検討委員会，2003.

永井孝志（2013）「リスク評価とリスク管理の位置づけを再構成する解決志向リス

ク評価」日本リスク研究学会誌 23 (3), pp.145-152.
松橋啓介, 岡崎康雄, 竹田宜人, 中杉修身 (2003)「事業所の環境報告書説明会を通じたリスクコミュニケーションの事例」日本リスク学会第 15 回研究発表会講演論文集 15, pp.159-162.
John D. Graham and Jonathan B. Wiener, Risk vs. Risk : tradeoffs in Protecting Health and the Environment. Harvard University Press, 1995.

8　新規技術とリスクコミュニケーション：ナノテクノロジーを例に

岸本充生

《学習のポイント》　新規科学技術の社会受容には適切なリスクコミュニケーションが欠かせない。近年では技術の社会実装前からリスクに関する説明が求められることが多くなった。その先駆的な事例としてナノテクノロジーのケースを取り上げる。ナノテクノロジーは2000年代はじめに世界的な大ブームが起きたが，その後，ナノマテリアルの健康リスクが指摘されるなど，欧州の一部では反対運動が活発に展開された。遺伝子組み換え作物での教訓をもとに，英国では潜在的なリスク情報を研究開発の早い段階から市民と共有する試みが実施された。本章は第7章で取り上げた化学物質のリスクコミュニケーションの応用問題として，また第13章で取り上げるデジタル技術のリスクコミュニケーションの前提知識としても位置づけられる。

《キーワード》　ナノテクノロジー，ナノマテリアル，新規技術，上流での参加，リスク認知

1．はじめに

（1）新規技術の社会実装

新規技術を社会に導入しようとする場合，既存の法律，倫理規範，社会常識などと合わないことが多い。そうした場合，無理に社会実装すれば事故や事件，また「炎上」につながることがある。新規技術には，社会実装される用途や文脈に応じて，その技術特有の新しい種類のリスクを伴う。このような新しいリスクは「エマージング・リスク（新興リスク）」とも呼ばれる（岸本，2018）。エマージングという言葉には，単に

新しいだけでなく，急に増えつつあるという含意もある。新規技術というと，人工知能（AI）や，AIを利用した自動運転やドローン，ゲノム編集などのバイオテクノロジー，量子コンピューターなどがすぐに思い浮かぶだろう。しかし，電気，自動車，カメラ，エレベーターといったなじみのある技術や製品をはじめとして，私たちが日常生活で使っているあらゆる技術は，初めて社会実装された際には必ず一度は新規技術であった。しかし，例えば自動車が社会実装された20世紀初頭と21世紀に入った今日とでは，安全に対する社会の価値観は180度異なっている。すなわち，新規であり安全性に関する情報が乏しいものはひとまず安全とみなし，使ってみて不具合が起きてから対策を施せばよいとする価値観から，そういう不確実なものはいったんすべて危険とみなして，安全であることについて根拠を付けてわかりやすく社会に対して示すことのできたものだけを受け入れるという価値観に変わったのである。本章が事例として取り上げるナノテクノロジーやナノマテリアル（ナノスケールの材料）は，社会が後者の価値観に移り変わったあとに，または移り変わりつつある中で社会実装されはじめた。本章では，2000年代初頭に大きく盛り上がり，近年ではある程度基盤技術として定着したこともあって落ち着いた感のあるナノテクノロジーを例に，新規技術のリスクコミュニケーションのあり方について検討する。

（2）ハイプ・サイクル

新規技術は多くの場合，その発見あるいは発明直後は社会の大きな期待を背負うことになる。研究予算も人材もつぎ込まれる。しかし，それが過度な期待であればあるほど，実用化が進まないことがその後の幻滅をもたらし，予算も人材も減らされ苦境を迎えることになる。その後，その中のいくつかの技術は地道な努力とイノベーションにより社会に定着していく。ガートナー社は，このような新規技術がたどりがちなプロセスを「ハイプ・サイクル」と命名し，様々な新規技術が現在どの段階にあるかを毎年発表している（図８－１）。ハイプ（hype）とは，誇張あるいは誇大な宣伝のことを指す。

ナノテクノロジーも例外ではなかった。ナノテクノロジーにおけるハイプ（ナノ・ハイプ）を引き起こしたのは2000年に米国でスタートした「国家ナノテクノロジー・イニシアティブ（NNI）」であった。１月，当時のクリントン大統領はカリフォルニア工科大学において，「鋼鉄よりも10倍の強度を持ち，しかも重量はそれよりもずっと軽い素材が実現するだろう。国会図書館にあるすべての情報が角砂糖のサイズのデバイスに記録されるだろう。がん細胞がほんの数細胞のサイズの段階で発見されるだろう。」という歴史的な演説を行った（U.S. National Science and Technology Council, 2000）。

（3）ナノテクノロジーとナノマテリアル

ナノ（nano）は10のマイナス９乗を表す言葉で，ナノテクノロジー

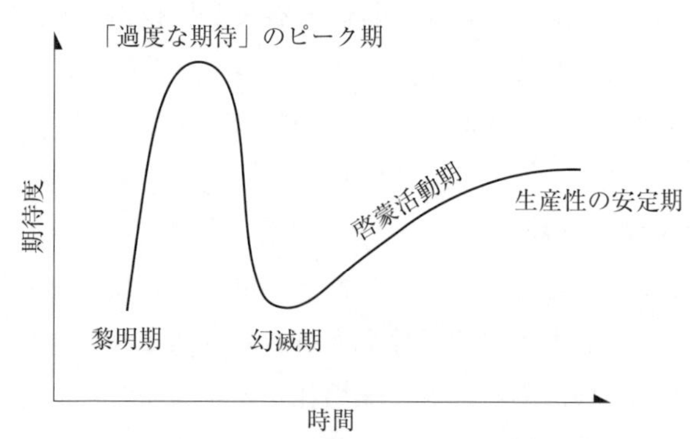

図８－１　ハイプ・サイクルの概念図
出所：ガートナー社ウェブサイトより引用

とは，原子や分子の配列をナノスケール，すなわち10のマイナス9乗メートルのスケールで自在に制御することによって，意図した性質を持つ材料や意図した機能を発現するデバイスなどを実現し，産業に活かす技術のことを指している。本章では，ナノテクノロジーの中でも，材料分野における応用であるナノマテリアル（ナノ材料）を主な対象とする。ナノマテリアルは国際標準化機関（ISO）により，3つの次元のうちの少なくとも1つが1～100ナノメートルの範囲であることと定義されている。ただし，ナノスケールの粒子自体は，以前から環境中にはどこにでも存在していた。それらの多くは自然起源であるが，一部は燃焼等のプロセスによって二次的に生成したものもある。そこに近年，新たな機能の発現を狙って，意図的にナノスケールの材料を製造する，あるいはナノスケールに加工する技術が開発され，それらの製造や製品化を通して，意図的にナノスケール化した物質が環境中に放出される可能性が指摘されているという構図である。

ナノスケールにすることで新たな機能性を獲得したり，既存の機能が強化されたりすることが期待される反面，サイズが小さくなることにより，ヒトが体内に取り込んだ場合に，通常の化学物質に比べてその有害性が増す可能性が指摘されている。例えば，体内の想定されない部位に移行したり，比表面積が大きくなることで反応性が増したりする可能性がある。ナノスケールになると物質は凝集しやすくなるため，オリジナルの一次粒子と，複数の一次粒子が凝集した二次粒子を区別して検討する必要があるし，意図的にナノスケールに加工されたものの中にも，ナノスケールでの計測方法が開発される以前からナノスケールであることと知らずに利用されてきたものも存在する。

(4) ナノテクノロジーと生活・文化

米国におけるナノテクノロジーブームはあらゆる科学分野に及ぶものだった。これには，潜航艇をミクロ化して体内に注入し治療を行うという 1966 年に公開された映画『ミクロの決死圏』や，ナノマシンのイメージを作り上げた 1986 年に出版されたドレクスラーによる書籍『創造する機械』などの SF 的な背景も重要な役割を果たした。そのため，ナノテクノロジーの推進派からはある種のユートピア的な未来像が発信されたのに対して，ナノマシンが制御不能な「グレイ・グー（grey goo)」となり，地球上の生物を壊滅させるというホラーストーリーも語られた。『ジュラシックパーク』などの著者として有名ないマイケル・クライトンは小説『プレイ－獲物－』を書き，工場から漏れたナノマシンが暴走し，人間を襲撃するという未来を描いた。すなわち，米国におけるナノ・ハイプは，推進側がユートピア的未来を語る際だけでなく，恐怖を煽る側にも広く見られた。表 8－1 は，2000 年代初頭までに公開されたナノテクノロジーを扱った米国映画をまとめたものである。

他方，日本においても，米国の NNI に呼応してナノテクノロジーブームが起きた。2001 年に制定された第二期科学技術基本計画（2001～2005 年）では，ナノテクノロジーと材料が一体化され，「ナノテクノロジー・材料」が重点分野に指定された。広い分野を対象とした NNI に比べて，日本ではナノテクノロジー研究の中心を材料科学に置き，工業ナノ材料，特にナノカーボン材料を重点的に推進することになった。そのような，やや現実的なアプローチゆえに，日本では，米国のようなユートピア的な未来像を巡る議論やその反対のナノマシンによる恐怖といった言説はほとんど見られなかった。逆に，材料面に研究開発の焦点が当たったためか，日本では，大量の化粧品や日用品の商品名に「ナノ」が付けられ，新たな「バズワード」と化し，ドラッグストアや 100

表８-１　ナノ・ハイプの時代に公開された「ナノテク映画」

	ナノテクのイメージ	コメント
ミクロの決死圏　1966 (Fantastic Voyage)	+	「医療に役立つ」というイメージの原点。
バーチュオシティ　1995 (Virtuosity)	−	悪用されたら破壊的だというイメージ。ただしあまりリアリティは無いかも。
スタートレック　1999 (Star Trek：The Next Generation)	−	ナノロボットの自己増殖・進化により制御不能な事態に陥るリスクを描く。
マイノリティ・リポート　2002 (Minority Report)	+	未来技術の展示会のようなイメージ。プライバシーに対する懸念は感じる。
ハルク　2003 (The Hulk)	−	医療に役立つ印象も持つが，軍事利用される危険性を喚起する。
スパイダーマン２　2004 (Spiderman ２)	−	研究者の利己的な動機が社会に破壊的な結果をもたらすイメージを描く。

円ショップなどで多数の「ナノ製品」が販売された。また，テレビ CM でも「ナノ」を強調するものが，化粧品，スポーツ用品，家電など幅広くいくつも流された。ただし，これらの消費者製品中に本当にナノスケールの材料が使われていたのかは，第三者による検証がないため不明である。著者が 2009 年時点で収集した「ナノ」が付けられた製品名を持つ製品の種類は，化粧品で 400 近く，衣類で約 300，スポーツ用品で約 100 を数えた。

（３）一般人のナノテクノロジー認知

日本において，インターネット調査会社のモニターから無作為に抽出した一般人に対して 2005 年から５年間，毎年，ナノテクノロジーに対する認知・態度・行動についてアンケートを行った結果を紹介する[1)]。

最初に，ナノテクノロジーという言葉を「聞いたことがある」と「たぶん聞いたことがある」を合わせた数字で見てみると，2006 年以降，95％程度で安定している。例えば，2006 年 12 月に米国においてオンラインで実施された調査では 53％の回答者が「まったく聞いたことがない」と回答していることと比較すると（Braman et al., 2007），日本での認知が早い時期から極めて高いことがわかる。これは前項に示したように，消費者製品やテレビ CM などで，「ナノ」や「ナノテクノロジー」が喧伝されたことの影響であろう。次に，ナノテクノロジーに対する印象も，2005 年から 2009 年まで一貫して，８割の人が好印象を持っている。このことは，好印象の人の割合が２割以下であった遺伝子組換え技術（図８-２の右）と比較すると顕著である。

ナノテクノロジーが使われた製品，あるいは「ナノ」と表示された製品を購入したり，使用したりしたことがあると回答した人の割合は，2005 年の 11％から，2009 年の 32％まで３倍に伸びた。しかし，2008

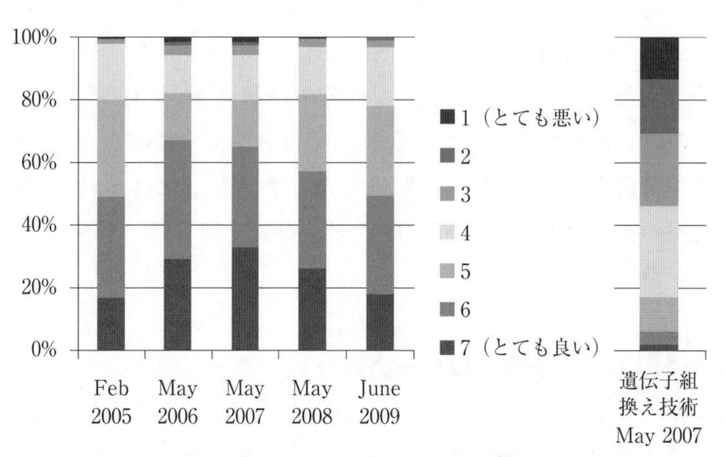

図８-２　ナノテクノロジーという言葉の印象の経年変化

出典：岸本他 2010 の図３を引用

年から2009年には伸びはほとんどなく，後述するような事情で消費者製品へのナノ訴求が減ったことを反映していると考えられる。化粧品・ヘルスケア商品，食品・飲料水，家電製品，スポーツ用品，家庭用洗剤について，ナノ表示によって購入意欲がどう変わるか尋ねた結果，家電製品で４割以上，スポーツ製品，化粧品・ヘルスケア商品，家庭用洗剤では３割以上がポジティブな回答であったのに対し，食品・飲料水では２割程度にとどまった。逆に，食品・飲料水では約２割がネガティブな回答を行った。どの製品群でも「変化なし」が多数派であった。一般的に，米国での調査では，ナノテクノロジーのベネフィット（便益）が潜在的なリスクを上回ると回答する人が多く，欧州での調査では逆にリスクがベネフィットを上回ると回答する人が多い傾向にある。日本人の傾向は米国と似ている。

欧州化学品庁（ECHA）が設置したEUナノマテリアル観測所（EUON）からの委託調査として，ナノマテリアルのリスク認知に関するアンケート調査が2020年２月に，オーストリア，ブルガリア，フィンランド，フランス，ポーランドの５か国の市民1000人ずつに対してオンラインで実施された（ECHA，2020）。2020年時点でも，平均すると回答者の35％がナノマテリアルという言葉を聞いたことがないと回答した。また，87％の回答者が製品にナノマテリアルが含まれているかどうかをラベリング等で知りたいと回答した。

2. リスク評価と規制動向

（1）リスク評価の考え方

ナノマテリアルの潜在的な健康リスクについては2004年，英国において，王立協会と王立工学アカデミーによる報告書「ナノサイエンスとナノテクノロジー：機会と不確実性」において初めて公的な機関による指摘がなされた。その第５章は「健康，環境，安全への潜在的な悪影響」，第６章は「社会的及び倫理的問題」，第７章は「ステークホルダーや市民との対話」，そして，第８章は「規制の問題」となっており，その後課題となったナノマテリアルのリスクを巡る事項はおおむねカバーされている。日本国内でも2004年には，厚生労働科学研究費によるナノマテリアルの安全性研究が始まった。通常の化学物質のリスク評価や法規制がナノマテリアルにも通用するのかどうかという点から検討されている。明確に通常の化学物質と異なる点は，ナノマテリアルの場合は同じ分子式のものでも，物理的あるいは化学的な特性が異なれば異なる機能性を持つ場合があり，同時に有害性や曝露特性も変化する可能性があることである。

ナノマテリアルのリスクを検討する際には，ナノスケールであることによって，リスクを構成する２つの要素である有害性と曝露特性が，既存の化学物質とどのように異なるかが焦点となる。これまでのところ，ナノスケール特有の（すなわち，質的に異なる）リスクが存在するという証拠はなく，通常の化学物質と比較して，その物理化学的特性ゆえに影響が量的に増す可能性が指摘されている。有害性については以下の２つの仮説がある。１つは，粒子病原性パラダイムと呼ばれ，「小さければ小さいほど危ない」とする仮説である。これは，サイズがナノスケールになると，重量あたりの比表面積が増加するために反応性が増す，胎盤や血液脳関門といった有害な物質を通さないための体内バリヤを通過してしまう，あるいは，溶解性が増すといった理由による。もう１つは繊維病原性パラダイムと呼ばれ，「まっすぐ長くて硬いものが危ない」とする仮説である。これは必ずしもナノスケールに限った話ではなく，アスベスト等の繊維状物質の有害性の発現メカニズムとして以前から提唱されていた考え方であり，カーボンナノチューブ等の繊維状のナノマテリアルの吸入曝露にも当てはまる可能性が近年指摘されている。これは，吸入され肺の最も奥にある肺胞まで到達した「まっすぐで長くて硬い」物体に対して，異物を取り除く役割のマクロファージ細胞が貪食に失敗する，あるいは胸腔におけるリンパ節からの排泄に失敗することで持続的な炎症が生じることに起因すると言われている。他方，曝露については，ナノスケールになることで飛散特性（dustiness）が場合によっては増す可能性が指摘されている。

（２）国内の状況

2000年代半ばはナノテクブームであり，消費者製品やテレビCMも「ナノテク」を謳うものがあふれていた。状況が一変したのは2008年２月に，国立医薬品食品衛生研究所の研究グループが，遺伝子組換えマウスの腹腔内に多層カーボンナノチューブを投与した結果，中皮腫が生じたとする論文を発表したことがきっかけであった（Takagi et al., 2008)。日本では2005年，兵庫県尼崎市においてクボタの工場の周囲で飛散したアスベストが原因で中皮腫患者が多数出ていたことが明らかになり社会問題になった記憶がまだ残っている中，アスベストと形状が類似しているカーボンナノチューブの「発がん性」の問題はマスメディアにおいても大きく取り上げられた。ある全国紙の記事は「「ナノチューブ」でがん」という見出しを付けた。国内の事業者の間では，カーボンナノチューブ，さらにはナノマテリアル全般の使用を控える，あるいは，当面の間，研究開発や製品化を待つという姿勢が広がっていった。また，化粧品や日用品に「ナノ」と表示する事例が急減した。しかし，図８-２に見られるように，2009年になっても一般市民のリスク認知にはほとんど変化が見られなかった。

2008年２月の研究発表を受けて，厚生労働省は作業環境でのナノマテリアルへの曝露防止等に努めることを促す通知を都道府県に発出した。経済産業省は，代表的な6種類のナノマテリアル（カーボンナノチューブ，カーボンブラック，二酸化チタン，フラーレン，酸化亜鉛，シリカ）の製造事業者に自主的な情報公開を求め，「ナノマテリアル情報収集・発信プログラム」としてウェブサイト上に公表し始めた。しかし，この段階ではまだ，通常の化学物質がナノスケールになると何が起こるかわからないという前提での予防的な対応であった。

2006年に開始された新エネルギー・産業技術総合開発機構（NEDO）による研究プロジェクト「ナノ粒子特性評価手法の研究開発」では，測定技術や曝露評価・有害性試験の手法が開発され，終了直後の2011年夏に，カーボンナノチューブ，フラーレン，ナノスケール二酸化チタンの3材料の「リスク評価書」が公表された。そこでは，ナノマテリアル曝露による健康リスクが最も高い人々はナノマテリアルを扱う作業者であると考え，15年間の曝露期間を仮定した作業環境における許容曝露濃度（OEL）が提案された（産業技術総合研究所，2011）。これは，法的な位置づけはないものの，世界で初めての，公的機関によるOELの提案であった。具体的な数字が提案されたことは，未知であるゆえによくわからないという理由で利用が躊躇されていたナノマテリアルも通常の化学物質と同様，リスク管理をきちんとすれば利用可能であることが示されたという社会的意義があった。

厚生労働省は2011年，当時実施中であった二酸化チタンのリスク評価において，ナノサイズの二酸化チタンも独立して評価することを決めた。さらに，2012年には「ナノマテリアルのリスク評価の方針」を策定するとともに，リスク評価の候補物質として，二酸化チタンに加え，カーボンナノチューブ，フラーレン，カーボンブラック，銀を選定した。2012年からは，当時，唯一，量産されていた多層カーボンナノチューブCNT製品（MWNT-７）を用いて，ラットを使った２年間の吸入曝露試験（発がん性試験）が実施された。その結果は2015年６月に公表され，発がん性があると結論づけられた。しかし，「がん原性指針」の対象物質に追加され，規制を受けたのは，実験対象の１製品のみであり，それはすでに製造が中止されてしまっていた。

（３）国際的な動向

経済協力開発機構（OECD）では，化学品委員会の中に2006年，工業ナノ材料作業部会（WPMN）が設置された。活動の主要な目的は，通常の化学物質を対象とした現行のOECDテストガイドラインがナノマテリアルにも適用可能であるかどうかを検討することであった。2013年９月には「工業ナノ材料の安全性試験と評価に関するOECD理事会勧告」が発表され，その第１項では「…既存の国際的及び国内的な化学品規制の枠組み又はその他の管理システムを，工業ナノ材料特有の特性を勘案して適宜変更して適用するよう加盟国に勧告する」とされた（OECD，2013）。国際標準化機構（ISO）にはナノテクノロジー専門委員会（TC229）が2005年６月に設置された。作業部会（WG）の１つには，健康安全環境の側面を扱う作業部会（WG３）が最初から設けられている。

EUではナノマテリアルは基本的に2007年に発効したREACH（化学品の登録，評価，認可及び制限に関する規則）の枠内で扱われている。ただ，欧州ではナノマテリアルに対する警戒感が強いため，応用分野に関する法律が改正される際に必ずナノマテリアルに言及する条項を追加するかどうかが議論されている。これまで，化粧品，新規食品，殺生物剤などで，原材料名にカッコ付きで「ナノ」と表示することが義務付けられている。ナノ表示のためには，ナノマテリアルかどうか判別するための規制上の定義が必要となり，2011 年に初めて，個数濃度のサイズ分布で 50％以上の粒子について 1 つ以上の外径が 1 nm から 100 nm のサイズ範囲である粒子，という定義が定められた。フランスなどいくつかの国では毎年，事業者にナノマテリアルの生産・輸入量を届出させる規制が施行されている。

米国ではナノマテリアルの外形的な定義を定めずに，サイズに起因した機能性の有無で判断し，既存の法規制枠組みをケースバイケースで適用している。環境保護庁は，カーボンナノチューブなどを炭素の同素体として新規化学物質とみなし，新規製造の申請に対して，ラットを使った 90 日間吸入曝露試験の実施を義務付けている。また，2016 年 12 月には，ナノスケール材料として製造・輸入・加工される化学物質について事業者が環境保護庁にその量や関連データなどを報告し，記録を保管する規則が公布された。

3. リスクコミュニケーションの実践

(1)「上流での参加」の試み

英国では遺伝子組換え作物に対する反対運動の激化を経験しており，新規技術の研究開発の早い段階から市民を含む多様なステークホルダーを議論に参加させていく「アップストリーム・エンゲージメント (upstream engagement：上流での参加)」の必要性が強く認識されていた。先に引用した 2004 年の王立協会と王立工学アカデミー報告書において，その第 7 章「ステークホルダーや市民との対話」で勧告されたこともあり，2000 年代後半に英国では様々なリスクコミュニケーション活動が実施された。その中の 1 つに「ナノ陪審 (NanoJury UK)」という市民パネルがある。市民陪審という方法は，実際の陪審員制度を模したもので，これは 2005 年にケンブリッジ大学の組織が，グリーンピースUKなどと共催して，またガーディアン紙もメディアとして参加して実施された。プロジェクトの目的は，ナノテクノロジーに対する一般的な反応を知ることではなく，通常の議論では拾えないような声を拾うことにあった。16人の市民陪審員は１回あたり２時間半のセッションに，週２回ずつ５週間，すなわち10回参加し，その後専門家を呼ぶ６回のセッションに参加し，さらに３回で勧告を作成した。勧告の23項目のうち13項目は全般的なもので，残り10項目はICT（情報技術），エネルギー，健康に関するものであった。監督パネルの一員として評価に関わった専門家は，ナノマテリアルに曝露することによる目先の健康リスクについて議論するのは容易だが，新規技術に対する「上流での」参加ならではの成果を出すには伝統的なリスクコミュニケーションに基づく対話を超えて，将来を見据えた，公共的な価値観や技術のガバナンスのあり方といったより広い枠組みに踏み込む必要があると指摘する（Pidgeon and Rogers-Hayden, 2007）。しかし，その場合，同時に勧告内容が漠然としすぎるおそれもあることに注意しなければならない。

日本でも，社会的争点となっていない段階において，市民参加型で科学技術の評価を行うという趣旨のもと，ナノテクノロジーを対象とした市民参加型テクノロジーアセスメントが実施された事例がある(三上ら, 2009)。これは,「ナノトライ〈NanoTRI〉」と呼ばれる一連のイベントで，ミニコンセンサス会議，グループ・インタビュー，サイエンス・カフェという３種類の手法からなる。2008年９～10月に実施され，農業や食品へのナノテクノロジーの応用を対象としたものであった。ミニコンセンサス会議は３回に分けて実施された。１日目には専門家から，１）ナノとは，２）ナノ食品の実例紹介，３）ナノの計測，４）ナノ食品の安全性，５）ナノ食品の研究プロジェクト，といった内容の情報提供が行われ，これを受けて10名の参加者の間で質問がまとめられた。2日目には5名の専門家が参加者からの質問（ナノにする必要性，ナノのメリット・デメリット，許認可や規制，ビジネスとしての側面，食文化としての側面，将来展望など）に回答し，3日目には参加者同士で議論がなされ，最終的に参加者の間で，食文化，安全性から教育にまで多岐にわたる事項をカバーした6ページの提言がまとめられた。

（2）市民とのコミュニケーションの困難さ

ナノテクノロジーの市民とのコミュニケーションについては，BoholmとLarsonが過去20年間の関連文献をレビューしたうえで，コミュニケーションにおける困難を，市民の側の問題3点，社会の側の問題4点，ナノテクノロジー自体の問題4点にまとめているので紹介する(Boholm and Larson，2019)。まず，市民の側の問題として，第一に，一般市民の興味・関心が低いことである。ナノテクノロジーは一般に，市民参加を促すような問題ではないため，ナノテクノロジーのリスクガバナンスについて積極的な関心を持つ市民は少数派である。第二に，市民は一枚岩でなく多様であることである。そのため，同じ情報でも異なる理解につながりうる。第三に，人々はあらかじめ持つ価値観と感情に依存することである。私たちは自らの価値観や感情と一致しない情報を受け入れない傾向がある。

次に，社会の側の問題として，第一に，マスメディアが国民の意識に影響を与えることが挙げられた。第二に，マスメディアの表現が断片的であいまいであることである。第三に，ナノテクノロジーに特化した法律がなく，政策や規制が分野ごとにバラバラであることである。第四に，ナノテクノロジーやナノマテリアルといった重要な概念の定義が様々であることである。

最後にナノテクノロジー自体の問題として，第一に「恐ろしさ(dread)」リスクが欠如していることが挙げられた。通常，制御不可能であったり，破局的だったり，致死的だったりするリスクは，「恐ろしさ（dread)」因子が高くなり，世間の関心が高くなる。第二に，小さすぎて人の知覚を超えていることである。そのためコミュニケーションが難しくなる。第三に，用途が広範にわたる点である。基礎科学のコミュニケーションに共通する困難である。第四に，ナノテクノロジーのリスク自体に不確実性が大きいことである。

これらを踏まえて，結論として4点が勧告されている。1点目は，コミュニケーションの目的を明確にするというものである。そうすることで，いつ誰が誰にどのようなコミュニケーションを行うべきかが初めて明らかになる。2点目は，責任ある方法で先行研究を活用することである。一般市民の態度とリスク認知の関係等の先行研究は比較的多く，個別の研究のみに基づくのではなく，先行研究の体系的なレビューに基づくべきである。3点目は，状況に合わせたコミュニケーションを展開することである。4点目は，コミュニケーションのための汎用的な枠組みを開発するという無駄な努力をしないことである。ナノテクノロジーの応用分野，産業分野，規制機関ごとに多様なコミュニケーション戦略を開発しなければならない。

(3) 産業界におけるリスクコミュニケーション

工業的に生産されたナノマテリアルに多くの消費者が曝露する場面はまだあまり想定されていないことから，一般市民を対象としたリスクコミュニケーションは「上流での参加」とならざるをえず，具体的な曝露シーンを前提としたリスクコミュニケーションを行う場面は実際にはそれほど多くない。本来の意味でのリスクコミュニケーションは一般市民からは見えづらいところ，すなわち，事業者の社内，事業者間，事業者と行政機関といったところで活発に行われてきた。カーボンナノチューブの発がん性が問題になった2008年以降，多くの事業者が，ナノマテリアルを使った研究開発及び製品化には慎重になっており，研究開発部署は，経営陣あるいは法務や品質評価を担当する部署から作業環境や製品の安全性についての説明を幾度も求められることになった。また，中間管理職は部下から実験や作業の安全性についての質問を受けたり，不安を訴えられたりすることも増えたと聞く。また，カーボンナノチューブを始めとしたナノマテリアルを，用途開発のためにサンプルとして他社に提供する際にも，先方から安全性に関する追加的な情報を求められることも増えた。海外の輸出先から安全性に関する説明を求められたケースもあることは容易に予想できる。これらの場面では，外部からは容易には見えないが，文字通りのリスクコミュニケーションが実践されてきたはずだ。

このように，法規制で要請されたリスク評価ではなく，自主的に実施するリスク評価のニーズが増えたことに対して，特に炭素系のナノマテリアルについては，産業技術総合研究所が事業者の自主安全管理のための安全性試験総合手順書，排出・暴露評価の手引き，そして物質ごとのケーススタディ報告書を作成している（産業技術総合研究所，2017）。しかし，このような場面でどのようなリスクコミュニケーションが必要かについてはまだまとまった調査やガイドラインがないのが現状である。

〉〉注

注1）ただし，インターネットを日常的に利用している人に偏っており，大卒割合が高く，また，テクノロジーに対する理解が高いというバイアスが存在すると考えられる。

参考文献

岸本充生，高井亨，若松弘子，ナノテクノロジーに対する認知・態度・行動についての定点観測：2005 ～ 2009 年，2010 年 6 月.
https://researchmap.jp/kishimoto-atsuo/books_etc/36455771（accessed 2022-02-28）

岸本充生（2018）「エマージング・リスクの早期発見と対応―公共政策の観点から―」保険学雑誌 642，pp.37-60.

五島綾子著『＜科学ブーム＞の構造：科学技術が神話を生み出すとき』みすず書房，2014 年.

産業技術総合研究所（2011）．ナノ材料リスク評価．産業技術総合研究所 安全科学研究部門．https://riss.aist.go.jp/results-and-dissemin/953/（accessed 2022-02-28）

産業技術総合研究所（2016）．ナノ炭素材料の自主安全管理支援のためのケーススタディ報告書．産業技術総合研究所 安全科学研究部門.
https://riss.aist.go.jp/results-and-dissemin/1626/（accessed 2022-02-28）

産業技術総合研究所（2017）．ナノ炭素材料の安全性試験総合手順書，ナノ炭素材料（カーボンナノチューブ，グラフェン）の排出・暴露評価の手引き，ナノ炭素材料の自主安全管理支援のためのケーススタディ報告書.
https://riss.aist.go.jp/results-and-dissemin/861/（accessed 2022-02-28）

三上直之，杉山滋郎，高橋祐一郎，山口富子，立川雅司（2009）．「上流での参加」にコンセンサス会議は使えるか：食品ナノテクに関する「ナノトライ」の実践事例から．科学技術コミュニケーション 6：pp.34-49.

エリック・ドレクスラー著『創造する機械』パーソナルメディア，1992 年.

マイケル・クライトン著『プレイ―獲物―（上）（下）』早川書房，2003 年.

Boholm, A. and Larson, S.（2019）. What is the problem? A literature review on challenges facing the communication of nanotechnology to the public. Journal of Nanoparticle Research 21：p.86.

Braman, Donald；Kahan, Dan M.；Slovic, Paul；Gastil, John；and Cohen, Geoffrey L., “Affect, Values, and Nanotechnology Risk Perceptions：An Experimental Investigation”（2007）. GW Law Faculty Publications & Other

Works. 207.

ECHA (2020), Understanding the public's perception of nanomaterials and how their safety is perceived in the EU, Final report. European Chemical Agency.

OECD (2013), Recommendation of the Council on the Safety Testing and Assessment of Manufactured Nanomaterials.19 September 2013-C (2013) p.107.

Pidgeon, N. and Rogers-Hayden, T. (2007). Opening up nanotechnology dialogue with the public : Risk communication or 'upstream engagement'. Health, Risk & Society 9 : 2, pp.191-210.

Takagi, A. et al. (2008). Induction of mesothelioma in p53+/- mouse by intraperitoneal application of multi-wall carbon nanotube. J Toxicol Sci. 33 (1), pp.105-16.

U.S. National Science and Technology Council (2000). National Nanotechnology Initiative : The Initiative and Its Implementation Plan, NSTC/NSET Report, July 2000.

9　原子力とリスクコミュニケーション

八木絵香

《学習のポイント》　本章では，①国内において原子力発電所の立地・建設が進んだ1960-70年代からチェルノブイル事故まで，②もんじゅ事故を皮切りに1990年代から2000年代にかけて，原子力施設の事故や不祥事が続発していた時期，③福島第一原子力発電所事故後の三段階に区切って，主に国内における原子力発電をめぐるリスクコミュニケーションについて概説する。

原子力をめぐるリスクコミュニケーションの課題は，原子力発電に限定されるものではない。国内でも2000年代以降注目を集めるようになった高レベル放射性廃棄物処分問題や，使用済み燃料の中間貯蔵施設をめぐる問題もある。また福島第一原子力発電所事故後には，福島県産の農作物等の出荷，低線量被曝，汚染水の海洋放出，指定廃棄物（1キログラム当たり8,000ベクレルを超え，環境大臣が指定した廃棄物）の処分などをめぐるリスクコミュニケーションの必要性が強く認識されてきた。

本章では紙幅の関係から，原子力発電を中心に原子力のリスクコミュニケーションについて概説したが，これらの諸課題が原子力をめぐるリスクコミュニケーションの射程に含まれることも付記しておく。

その上で，原子力のリスクコミュニケーションが，いわゆる理解推進活動から，本質的な意味でのリスクコミュニケーションへ移行しようとしてきた経緯と，その課題について解説を加える。

《キーワード》　原子力とリスク認知，信頼，原子力に関する世論，福島第一原子力発電所事故

1. リスク心理学からみた原子力

(1) リスク心理学と原子力

心理学の分野では，1960年代後半頃からリスク認知（Risk Perception）研究が注目を集めるようになっていた。これは1960年代後半以降，国内外を問わず環境問題や薬害，航空機事故により，さまざまな科学技術のリスクが顕在化し，それに関する社会的関心が高まってきた流れと無関係ではない。

このような社会的状況の変化の中で課題となったことのひとつは，専門家のリスク評価と，一般市民のそれとが大きく異なる場合があるということであった。専門家がある科学技術のリスクが低いと判断した場合でも，一般市民がそのリスクを高いと判断し，社会的な受け入れが進まない事例が続出したのである。このような背景から，専門家と市民のリスク認知が異なる理由は何かを探求する研究が始まった。

代表的な研究は，Slovicら（1979，1987）によるものである。一連の研究でSlovicらは，市民は死者数の大小にかかわらず，「恐ろしさ因子（Dread Risk）」と「未知性因子（Unknown Risk）」の存在を高いリスクとして評価する傾向を明らかにしている。Slovicらによる一連の研究は，社会を専門家と非専門家に二分し，そのリスク認知の差異を明らかにすると同時に，市民のリスク認知に影響を与える要因を抽出することに主眼が置かれていた。この背景には，市民の認知バイアスを改善し，市民が専門家と同等の知識を有することこそが，リスクに関するさまざまな課題を解決するという思想があった。

Slovicは，「恐ろしさ因子」と「未知性因子」の２つによりリスク認知が規定されることを示したが，この当時からその両者が高いものの代表例として指摘されていたのが原子力である。そして同様の内容は，時代を超えて日本でも再現されてきた。たとえば北田（2004）の研究では，10年間の死者数のデータを提示した場合でも，交通事故，鉄道事故，航空機事故，AIDSと比較して，原子力施設の事故はリスクが高いものと認識されていたことが示されている。

（2）原子力と信頼

加えて，原子力のリスクが高いものとし認知されてきた背景には，原子力リスクを管理する組織や人への信頼不足がある。Slovic（1993）は，「信頼を獲得するためには多くの根拠が必要だが，信頼できないと認知されるためには，１つの悪い事例があればよい。一方で信頼できないという印象をぬぐうには多くの根拠が必要だが，信頼できるという評価は１つの悪い事例で失われる」という信頼の非対称性原理を示し，リスク認知において，情報の送り手や内容に対する信頼が，大きな影響を与えていることを示唆した。

同様の研究では，信頼の獲得が難しい理由として，①信頼を崩す出来事は，目立ちやすい，②ポジティブな情報より，ネガティブな情報の方が取り上げられやすい，③悪い情報（危険を示す情報）は信頼されやすい，④信頼できないという気持ちは，より強化され，継続しやすいという４つがあげられている。

1986年のチェルノブイル原子力発電所事故以降，国内でも高速増殖炉もんじゅ事故（1995），JCO臨界事故（1999年），東京電力株式会社の不正問題・データ改ざん問題（2002年），と実際の被害もさることながら，原子力事業者より正しい情報が提供されない事例や，正式な手順外の方法による事故，また検査データの改ざんなどが発生してきた。このように原子力分野に，信頼の獲得が難しい四条件が整い続けたことが，原子力に関するリスクの認知の高止まりが続いた背景にはある。

2. 福島第一原子力発電所事故以前のリスクコミュニケーション

(1) 原子力黎明期におけるリスクコミュニケーション

日本に原子力技術が導入された1950年代後半から60年代にかけては，地域を二分する激論の末にその立地が承認された地域も存在するものの，最終的に合意が得られないような状況はほとんどなかった。原子力の立地は現在と比較すればむしろ，全体としては肯定的なものとして受け止められていたと言えよう。1957年に日本原子力研究所東海研究所の研究炉（JRR-1）が，国内初めての原子炉として動き始めた際も，新聞各紙は肯定的な話題として伝え，大多数の国民はそれを大きな疑問もなく受け入れていたとされている（柴田ら：1999a）。

このような肯定的な意見が多数を占める状況に，変化が見え始めたのは1970年代に入ってからである。1970年代以降に立地計画が発表され，現在までに新規に原子力発電所が建設（含，未運転）された例は三箇所にとどまり，立地計画発表段階および，その前段階の立地準備作業段階で計画が中止となる例が続いている。

このような状況の中で，国会や実際の立地が進む地域の中でも，さまざまな議論が行われた。しかしこれらの議論は，推進を主張する専門家と反対を主張する市民という構図で，論争は必ずしもかみ合わず，柴田（1999b）が著書の中で「本当に安全かと反対派に詰め寄られて，推進派が必要以上に安全性を強調しすぎたという図式が浮かび上がってくる」と指摘したように，推進主体が反対派市民を説得するための場として，機能するケースが少なくなかった[1)]。

一方で，1987年8月（チェルノブイル事故の翌年）に実施された内閣府の世論調査では，原子力発電所の必要性については「現状に留めるべき」という世論が支配的であるなど，不安を感じつつも，原子力施設への社会的必要性は認識されるというジレンマ的状況が，この当時の原子力を取り巻く状況であった。

（2）もんじゅ事故以降の原子力に対するリスク認知

中谷内（2003）は，米国におけるリスク認知研究の結果から，リスク心理学の初期段階においては，リスク認知ランキングにおいて原子力は常に最上位を占めていたのに対し，1990年代以降，原子力に対するリスク認知が低くなっているという印象を抱かせるものが少なくない，という指摘を行っている。中谷内はこの理由を「米国ではTMI（スリーマイルアイランド）事故以降，原子力発電は抑制傾向にあり，目立った事故も報じられていないことが影響している可能性がある」と説明している。

その一方で日本では，高速増殖炉もんじゅ事故（1995年），旧動燃東海事業所火災爆発事故（1997年），JCO臨界事故（1999年）と立て続けに原子力施設での事故や不祥事が発生したことにより，原子力リスクに関する関心が依然として高い状況が続いていると，中谷内は指摘している。この指摘は，北田（2004）の調査結果とも整合的であり，国内においては1990年代以降も，人々の原子力のリスク認知が高止まりの状況にあった[2)]。

（3）もんじゅ事故以降の原子力に関するリスクコミュニケーション

このような世論状況を踏まえ，国の原子力関係機関において，積極的なリスクコミュニケーション活動が展開されるようになった。

1995年12月のもんじゅ事故以降，世論調査における不安の声が強い状況が続くのみならず，1996年1月には，原子力発電出力が上位を占めていた福島・新潟・福井の３県の知事から「三県知事提言」が，内閣総理大臣および当時の科学技術庁長官及び通商産業大臣に提出された。これは，それまで国の原子力発電政策を支持し，積極的に原子力発電所の建設を進めてきた地域からも，国に対して強い不満の表明が示された象徴的な出来事であった。これを受けて国（原子力委員会）は，国民各層から幅広い参加を求め，多様な意見を今後の原子力政策に反映させることを目指し「原子力政策円卓会議[3)]」を設置した。

第１期の反省を踏まえ第２期目（1998年）からは，議題の選択や議論の進行を中立的に保てるように，原子力委員会とは独立の民間機関に事務局を依頼し，議題，参加者の選定などの会議運営は全てモデレータの責任で行う形式とする方式に変更となったことに加え，反対的主張の団体のメンバーや，より消費者に近い視点で議論できる方をメンバーとして加えるなど，ステークホルダーの拡大の工夫も行われた。

また同様の試みは，原子力委員会の「市民参加懇談会」，原子力安全委員会による「地方原子力安全委員会」などでも展開され，わずかずつながら，一方的な情報提供ではない双方向の試み，また市民の声を傾聴する試みが進み始めた。

これらの試みは，原子力に関係する国の機関および，そこに所属する原子力専門家から市民への情報伝達やコミュニケーションのあり方は，社会的受容（PA：Public Acceptance）と呼ばれる一方向の説得的な情報伝達であった時代と比較すれば，より市民との対話を重視する方向に移行したという意味で，一定の評価をすることができる。

しかしその一方でそれらの報告書では，「聞くだけでは一方通行で対話ではない。意見の交換がない。一方的に話して終わりは講演会」「市民が主役ではなく，パネラーとオブザーバーが主役だった。」など対話を目的としながらも，一方的な情報提供の色合いが強く，十分な対話が成立していないなどの指摘もなされている。また，原子力を推進する主体である原子力委員会が主催であることに対し，原子力委員会は本当に市民の意見を反映して今後の原子力政策を展開していく覚悟があるのかを問う声や，「意見を聞いたというアリバイ作りだけにならないようやり方をよく考えて下さい」とその実効性を疑問視する声も確認されていた。

ここまでに示してきたように，国による原子力コミュニケーション活動は，もんじゅ事故以降，わずかずつながら新しい方向への展開が確認されるようになってきたが，実施の方法論や実施主体への信頼性確保について，解決すべき課題が残されている状況にあった。

（4）東電事件と立地地域でのリスクコミュニケーション

そのような中で明らかになったのが，2002年の東京電力株式会社による自主点検作業記録不正事件（以下，「東電事件」）である。原子力発電所は定期点検を行うことが法律で定められている。その定期点検において東京電力は，原子炉圧力容器内の機器（シュラウド）のひび割れ等を発見していたにもかかわらず，その記録や国への報告内容の改ざんを行っていた。この東電事件により，改めて事業主体の信頼性が注目を浴びるようになった。さらにその後，他の電力会社でも同様の報告漏れなどが発覚したことから，社会は改めて，原子力発電所を運用する電力会社に対して強い不審を抱くようになったのである。

この事件を契機にして，特に立地地域でのコミュニケーションを目的として設置されたのが，2003年2月に設置された「福島県原子力発電所所在町情報会議[4)]」や，同年5月に設置された「柏崎刈羽原子力発電所の透明性を確保する地域の会[5)]」である。これらの組織は，同様の不祥事を防止するためには，発電所の透明性確保に力点を置くことが必要という観点から，国や事業者に対して情報の公開を強く求めていくことを目的として設立されている。

この二つの組織は，フランスの原子力施設立地地域で設置されている事業者や住民代表および関係主体が参加する「地域情報委員会（Commission Locale d'Information；CLI）を参考として設立されている。CLI は菅原（2010）が指摘するとおり法律により，「事業活動の継続的な評価や情報の周知，原子力安全・放射線防護・公衆および環境への影響に関する協議」を目的として設置されている。この形をとることで，多様なステークホルダーが集う CLI の存在に法的根拠をもたせ，CLI そのものに施設の運転に関する権限はなくとも，予算の半分を国が負担して，その自由な活動を保証している。立地地域が原子力事業の透明性を容易に確認できるような形で制度を明確化することで，民主的なプロセス，つまり本質的な意味でのリスクコミュニケーションのあり方を提示しているのである。

しかし国内では，CLI が果たしている事業者と住民の間のコミュニケーション的役割にのみ注目があつまり，積極的な情報発信体制を日本の事業者も見習うべき，といった主張が主流であった（菅原，2010）。前述の通り CLI が担う機能は，単なる情報の共有や規制・事業者と住民とのコミュニケーションではなく，そのリスクの管理を民主的なプロセスの中に位置付けることにあった。その段階にまで踏み込めないままに，2011 年の福島第一原子力発電所事故が発生するのである。

3. 福島第一原子力発電所事故をめぐるリスクコミュニケーション

（1）福島第一原子力発電所事故当時

本書の射程は，リスクコミュニケーションである。リスクコミュニケーションの概念規定には多様性があるが，その定義を第1章で提示したように，「社会の各層が対話・共考・協働を通じて，リスクと便益，それらのガバナンスのあり方に関する多様な情報及び見方の共有ならびに信頼の醸成を図る活動」であるとするならば，リスクコミュニケーションは，事故や災害の渦中で事態が進展し，次々と対応が求められる「有事」のコミュニケーションではなく，その有事を防ぐべく，もしくはそうなった時の実質的被害を可能な限り軽減し，また社会の各層がそれぞれの価値基準に基づいて自らの行動を選択できるための「平時」からの取り組みであると言えよう。

その意味では福島第一原子力発電所事故発生時，一番短く見積もっても，2011年3月22日に4号機の核燃料プールへの注水が可能となり，核燃料が溶け出す危機が回避される段階までは，そこで行われていたさまざまな情報の発信や，それから派生したコミュニケーションは，本書の射程とするリスクコミュニケーションではなく，有事のコミュニケーションであったと位置付けられる。

そのようなクライシス・コミュニケーションの状況においては，リスクコミュニケーションで求められるような「相互作用」「対話」「共考」「協働」というリスクに関する丁寧なコミュニケーションよりも，緊急事態への対処のために「トップダウン的」「一方向的」「情報や対処方策」の提供が素早く行われることが肝要である。

もちろんそのようなクライシス・コミュニケーションにおいても，リスクコミュニケーションの個別の知見が全く無益というわけではない。しかし原子力発電に関するリスクコミュニケーションという観点で言えば，2000年代初頭までに，いくつかの深刻な事故や事件が発生し，立地地域をはじめとした国民の側からそれに対する警鐘が投げかけられていたにもかかわらず，本質的な意味でのリスクコミュニケーション，すなわちコミュニケーションを通じて原子力政策の方向性を見直す，またそのリスク管理のあり方について再点検することができなかった。それどころかわかりやすい情報提供と社会的受容といった狭義のコミュニケーションにその解決策を見いだそうとしていたことこそが，大きな課題であったのである[6)]。

（2）エネルギー・環境に関する国民的議論 2012[7)]

その意味で，福島第一原子力発電所の事故をめぐるリスクコミュニケーションは，事故後の原子力政策形成において，どのようなリスクコミュニケーションが行われたのかという観点から点検せざるを得ない。

福島第一原子力発電所事故を受け，事故対応の陣頭指揮をとった当時の民主党政権は，エネルギー政策の抜本的な見直しを迫られた。事故から2ヶ月後の2011年5月には，エネルギー・環境会議が設置され，同年7月には「革新的エネルギー・環境戦略に向けた中間的な整理」が示された。この中間的な整理では基本理念として「新たなベストミックス実現に向けた三原則」「新たなエネルギーシステム実現に向けた三原則」「国民合意の形成に向けた三原則」が提示されている。この三番目の国民合意の形成に向けた三原則が，本質的な意味でのリスクコミュニケーションの実施の布石となった。

国民合意の形成に向けた三原則は，①「反原発」と「原発推進」の二項対立を乗り越えた国民的議論を展開する，②客観的なデータに基づき戦略を検討する，③国民各層との対話を続けながら革新的エネルギー・環境戦略を構築するであり，そこにリスクコミュニケーションという言葉こそ出てこない。しかし，これこそがまさに「社会の各層が対話・共考・協働を通じて，リスクと便益，それらのガバナンスのあり方に関する多様な情報及び見方の共有ならびに信頼の醸成を図る」リスクコミュニケーション活動そのものであった。

2012年夏に実施されたエネルギー・環境に関する国民的議論では，従来型のパブリックコメント，全国11箇所で行われた意見聴取会，そして討論型世論調査という市民参加型手法が用いられ，多角的なリスクコミュニケーションが実施された。特に米国の政治学者ジェームス・フィシキンが開発した討論型世論調査（Deliberative Opinion Poll；DP「以下，DP」)」の実施は，大きな特徴であった。DPとは，討論型の世論調査であり，一般的な世論調査とは異なり，参加する人々に事前に情報資料を配付し，それをもとに参加者同士または参加市民と専門家が討論し，その討論の前後で参加者の意見がどのように変化したのかを可視化するという点に特徴がある[8)9)10)]。

このDPも含めた国民的議論の結果は，「国民の少なくとも過半は原発がない社会を望んでいる」という形で表現され，2012年9月に示された革新的エネルギー・環境戦略では，この結果を踏まえて2030年代に原子力ゼロを目指すために，政策資源を最大限投入するという戦略が示された。しかしこの戦略は，政府の方針として閣議決定はされず，「革新的エネルギー・環境戦略を踏まえて，関係自治体や国際社会等と責任ある議論を行い，国民の理解を得つつ，柔軟性を持って不断の検証と見直しを行いながら遂行する」という一文のみが2012年9月19日に閣議決定されることとなった。

結果として，2014年4月に閣議決定されたエネルギー基本計画では，原子力発電は重要なベースロード電源と位置付けられ，一定程度原子力発電を維持し続ける方向性が示され現在に至っている。

（3）エネルギー・環境に関する国民的議論の評価と残された課題

前述の通り，2012年に実施されたエネルギー・環境に関する国民的議論に課題がなかったとはいえないが，それまでに政府や行政機関が行ってきた原子力に関するリスクコミュニケーションの中でも，もっともリスクコミュニケーションの本質に近い活動であったといえよう。

もちろん，それが政策決定に直接的に反映されなかったことについては，批判もある。一方で，リスクコミュニケーションの結果は，リスクマネジメントに反映されるべきものであると同時に，国全体のエネルギー政策まで射程を広げた場合には，考慮すべき事項は多岐にわたり，「原子力発電所のリスクをどのように捉えるか，それを社会のなかでどのように取り扱うか」という限定的な国民的議論の結果は，直接的に政策決定に反映されるべきものとも言い切れない。

このような課題や検討事項が残るにせよ，この国民的議論の内容は，原子力のリスクコミュニケーションに関する取り組みとして一定の評価をすることができよう。2000年代に行われたさまざまなコミュニケーションの取り組みは，「科学研究や科学技術政策のプロセスを社会に開き，市民の関与を拡大してそれを民主化」する営みを目指す方向にはなかった。寿楽（2021）が指摘するように，専門家と市民の間のコミュニケーションを改善する取り組みに矮小化された活動であったのに対し，国民的議論のとりくみは，その根本を見直し，本質的なリスクコミュニケーションを目指す方向にシフトしたと言い換えることができるのである。

4.「脱原発依存」を希求する世論にどう向き合うのか

（1）福島第一原子力発電所事故後の原子力世論

福島第一原子力発電所事故以降，原子力発電に関する世論をきめ細やかに調査している広瀬（2013）は，①再稼働は認めず直ちにやめるべき，②再稼働を認めて段階的に縮小すべき，③現状を維持すべき，④段階的に増やすべき，⑤全面的に原子力発電に依存すべき，の５つの設問を用いて，原子力発電の今後に関する世論を定点観測している。

この調査によれば，時間推移による変化はあるものの一貫して支配的な（過半数を占める）回答は，②再稼働を認めて段階的に縮小すべきである。即時脱原発の強い主張というよりは，現実解としてのソフトランディング，最低限の再稼働はやむを得ないとしても，段階的に原子力発電比率を減らしてほしいという声が支配的なのである。この選択肢が強く支持される傾向は，2014 年以降も継続的な状況にある（原子力文化振興財団，2021）。

加えて，新聞各社の世論調査結果は，事故後一貫して再稼働反対の声が優勢[11]であり「再稼働に賛成か反対か」という二者択一を迫られた場合，「再稼働を認めて段階的に縮小すべき」を志向する人々の一定数が「再稼働反対」を支持することを示している。このことからは，人々は再稼働そのものに不安を感じているというよりは，ひとつの再稼働によってなし崩し的に既存の原子力発電所が再稼働されてしまう世界，すなわち「福島第一原子力発電所以前の世界」に戻ってしまうことを懸念していると解釈することもできよう。

本書の中でもさまざまな事例を通じて紹介されるように，科学技術と社会の関係性が問い直される中で起こったいくつかの社会的問題について，導き出されたひとつの見解は次のようなものである。

専門家ではない人々が情報を吟味し，議論した上で至る結論は，専門家の側にも先端科学技術をめぐる統一的な「正解」は存在せず，この問題の解き方にはさまざまな方法がありうるというものである。そして人々は，専門知だけを根拠に何かの結論にたどり着くのではなく，自らの生活知に照らし合わせ，自分は原子力に代表されるようなリスクが見えやすい科学技術とどのように付き合っていくのかを考えるようになる

(八木，2013)。専門家ではない，この問題についての強い関心や意思を持たない人々が，自らが問うべきことと位置付けるのは，私たちはどのような社会で生きていきたいのか，どのような社会を将来世代に残していきたいのか，という価値選択そのものなのである。

(2) 改めて重要なポイントとなる「信頼」

社会心理学者の中谷内（2014）は，原子力をめぐる「信頼」を規定するリスク認知要因には，能力・経験・資格という形で表現される「能力（competence）への認知」と，公正さ・誠実さ・努力という形で表現される「動機づけ（motivation）認知」の2つの認知要因の他に，相手が主要な価値を自分と共有していると感じるかどうかという主要価値類似性（Salient Value Similarity）が重要であると指摘している。

また中谷内は原子力事業者を例に，社会からの信頼が低い組織ほど，能力や動機付けではなく「価値を共有しているかどうか」という認識次第で信頼レベルが定まるとしている（中谷内，2013)。別の言い方をすればこれは，原子力関係者が繰り返し強調する社会との信頼関係構築のためには，専門性や技術力の向上（能力）と安全に対する姿勢（動機付け）のアピールではなく，リスクを管理する側（原子力事業に係わる側）と社会が価値を共有していることを確認しあう機会が肝要であるという指摘である。

可能な限り原子力に依存しない社会を実現したい。これが多くの国民の価値選択であることは本章でも紹介したいくつもの世論調査結果から明らかである。また，DPのようなていねいなリスクコミュニケーションの結果，得られる見解も同様である。その状況において，原子力政策を進める側が信頼を得るために必要なことは，まず，原子力発電依存度を下げるための具体的な工程表を示すことに他ならない。それにもかかわらず，「原子力発電依存度を下げる」という政権与党の主張は単なるお題目としか感じられないほどに，原子力事業に係わる人々の前のめりの主張が，福島第一原子力発電所事故後も折に触れてクローズアップされ，そして，社会の注目を喚起してきた。このような状況では，社会の側が原子力事業に係わる人々と価値を共有していると感じることは困難なのである。そして価値共有がなく，基本的な信頼が損なわれている状況では，リスクコミュニケーションのどのような活動も機能することは困難でもあるのだ。

(3) 終わりにかえて

二酸化炭素排出を実質ゼロにするカーボンニュートラルへの転換が注目を集める中，原子力発電を再評価する動きが生まれつつある。2022年夏には，岸田首相がGX（グリーン・トランスフォーメーション）実行会議で，原子力発電所の再稼働や次世代炉の開発などについて，従来の政府方針の転換を示唆する発言するなどその方向性は強まる流れがある。また，原子力発電所の「即時」撤廃を望む声は，10年前と比較すれば弱まりつつある（原子力文化振興財団，2021）。

加えて原子力技術に親和的ではない人々からも，特定の技術（この場合，再生可能エネルギー）に過度に依存することも望ましくなく，一定程度，原子力発電を許容する必要があるという主張がなされ始めている。場合によっては新型炉も含めた研究開発について，そこからの新しい技術開発の可能性も含めて，否定的ではない意見が提示されるケースもある。その意味で原子力発電の存在意義は，一定程度浮上しているという言い方もできよう（脱炭素化技術ELSIプロジェクト，2022）。

一方で同時に提示される視点は，強く原子力専門家への猛省を促すものでもある。それは端的に言えば，福島第一原子力発電所の被害の記憶もさることながら，それにより失われたその地域の文化や伝統，そして言語化されていないが故に，場合によっては失われたことさえも社会的記憶の中から滑り落ちてしまっているさまざまな「価値」を奪いうる原子力技術に対する禁忌感である。そのような被害をうむ可能性がなるべく少ないものを選びたい（つまり，原子力発電を使いたくない）という考えもまた社会の中では根強いことを念頭に置きつつ，本質的な意味でのリスクコミュニケーションの展開が原子力分野でも求められているのである。

〉〉注

注 1）当時の原子力専門家からみた市民は，資本投下などさまざまな手段を用いて説得し，納得させる対象だったとも表現できる。1974 年に電源三法が制定され，「原子力発電所を立地する自治体への迷惑料（吉岡：1999)」として電源立地促進対策交付金が支給されるような仕組みが作られたのもこの頃である。

注 2）原子力発電に対する世論調査は，さまざまな主体が，異なる角度から取り組んでいるが，その設問設計により回答傾向にはばらつきがある。継続的かつ多様な主体による世論調査結果を概観するためには北田（2013)，(2019）が参考になる。

注 3）原子力政策円卓会議については下記を参照のこと。http://www.aec.go.jp/jicst/NC/iinkai/entaku/index.htm（2022 年 9 月 19 日現在）

注 4）福島県原子力発電所所在町情報会議については下記を参照のこと。なお，2011 年 2 月を最後に同会議は開催されていない。

https://www.tepco.co.jp/nu/f1-np/i_meet/index-j.html（2022 年 9 月 19 日現在）

注 5）柏崎刈羽原子力発電所の透明性を確保する地域の会については下記を参照のこと。

https://www.tiikinokai.jp（2022 年 9 月 19 日現在）

注 6）リスクコミュニケーションの射程や，その定義からすれば，事故の直後もしくは渦中において，直接的に有益な示唆を提示することはできない。しかし一方で，事故により数多くの人々が故郷を離れ，またその避難の渦中に命を落とされた方々も少なくないなど，その被害の甚大さを鑑みれば，だからといってそれを許容できないという指摘も存在するだろう。その批判も受け止めつつ，リスクコミュニケーションのありようを改めて検討する必要がある。
注7）（2）（3）の記述は，放送大学大学院教材『リスク社会における市民参加』の4章に詳しいのでそちらを参照のこと。
注8）筆者は，DP 実行委員会の元に設置された第三者検証委員会の専門調査員として，一連のプロセスを参与観察し，その検証を行った。結果概要，および検証結果については，以下に公開の通りである。
https://www.cas.go.jp/jp/seisaku/npu/policy09/sentakushi/database/video/index.html
注9）国民的議論に関する資料や討論内容結果については，以下に公開の通りである。
https://www.cas.go.jp/jp/seisaku/npu/policy09/sentakushi/index.html
またこの国民的議論の詳細や，そこからみえてきたリスクコミュニケーション上の課題については，八木絵香（2021）に詳しい。
注10）DP の回答方式について基本的な説明を付け加えておく。この DP の結果は「原発ゼロ支持○%」のように表現されることが少なくないが，実際には「ゼロシナリオ・15%シナリオ・20～25% シナリオ」の3択から1つを選択するという方式では調査はなされていない。DP 参加者は，3つのシナリオそれぞれに対して，11 段階（0：強く反対する～5：ちょうど中間～10：強く賛成する）で回答する。また，各シナリオについての説明文章は次の通りである。
ゼロシナリオ：すべての原子力発電所を 2030 年までに，なるべく早く廃止する
15 シナリオ：原子力発電所を徐々に減らしていく（結果として 2030 年に電力量の 15%程度になる）
20-25 シナリオ：原子力発電所を今までよりも少ない水準で一定程度維持していく（結果として 2030 年に電力量の 20～25%程度になる）
注11）ただし，当然のことながら全国を対象にした調査と，立地地域を対象にした調査では結果が異なる。立地地域（立地市町村）では，全国調査を比較して反対の声が弱い傾向が確認されている。

参考文献

一般社団法人原子力文化振興財団（2021），2021 年度原子力に関する世論調査報告書.

北田淳子（2004）第２章　原子力発電に関する世論の現状　データが語る原子力の世論：10 年にわたる継続調査，プレジデント社

北田淳子（2013）継続調査でみる原子力発電に対する世論―過去 30 年と福島第一原子力発電所事故後の変化，日本原子力学会和文論文誌，pp.12，3，177-196.

北田淳子（2019）原子力発電世論の力学―リスク・価値観・効率性のせめぎ合い，大阪大学出版会

柴田鐵治，友清裕昭，1999a，第１章　バラ色の 50 年代，60 年代　原発国民世論―世論調査にみる原子力意識の変遷―，ERC 出版，pp.8-24.

柴田鐵治，友清裕昭，1999b，第２章　反対が生まれた 70 年代　原発国民世論―世論調査にみる原子力意識の変遷―，ERC 出版，pp.25-60.

寿楽浩太（2021）原子力と社会―政策の構造的無知にどう切り込むか，科学技術社会論の挑戦２　科学技術と社会―具体的課題群，pp.149-168.

菅原慎悦，城山英明（2010）フランス地域情報委員会の原子力規制ガバナンス上の役割，日本原子力学会和文論文誌，9，4，pp.368-383.

脱炭素化技術 ELSI プロジェクト（2022）脱炭素化技術の ELSI とその評価枠組：TA レポート　http://hdl.handle.net/2115/84398

中谷内一也（2003）CHAPTER6 リスク概念再考，環境リスク心理学，ナカニシヤ出版，pp.127-141.

中谷内一也（2013）リスク認知と信頼，総合資源エネルギー調査会原子力の自主的安全性向上に関する WG 第５回会合資料

中谷内一也，工藤大介，尾崎拓（2014）東日本大震災のリスクに深く関連した組織への信頼，心理学研究（doi.org/10.4992/jjpsy.85.13014）

広瀬弘忠（2013）福島第一原発災害を視る世論，科学，vol.83，No.12，pp.1346-1353.

八木絵香（2009）対話の場をデザインする―科学技術と社会のあいだをつなぐということ―，大阪大学出版会

八木絵香（2013）エネルギー政策における国民的議論とは何だったのか，日本原子

力学会誌，vol.55，No.1，pp.29-34.
八木絵香（2021）「福島第一原子力発電所事故と市民参加」，八木絵香，三上直之（編）リスク社会と市民参加，放送大学教育振興会，pp.72-92.
Slovic, P., Fischhoff, B., & Lictenstein, S.（1979）Rating risks. Environment, 21, 14-20, pp.36-39.
Slovic, P.（1987）Perception of Risk, Science, 236, 4799, pp.280-285.
Slovic, P.（1993）Perceived Risk Trust, and Democracy, Risk analysis, 13, 6, pp.675-682.

コラム ソーシャルメディア時代の原子力リスク議論

田中幹人（早稲田大学政治経済学術院教授）

リスク観は時代と共に変化する。そして，ある時代・ある社会におけるリスク観が形作られる場のひとつにメディア空間がある。なかでも現代では，ソーシャルメディアが重要なリスク議論の場となっている。

ソーシャルメディアがリスク観などを生み出す「世論」の場として広く認識されるようになった契機はそれぞれの国で異なる。日本でソーシャルメディアの普及が進み，またその功罪が顕著になった出来事は，2011 年に起こった東日本大震災，なかんずく福島原発事故を巡る社会的議論だと言えるだろう。事故発生後の初期においては，ソーシャルメディアを通じた誤情報や偽情報の流通による混乱も大きな問題となった。しかし同時に，ソーシャルメディアでは公的機関や自治体による最新情報が流通し，またそれらの一次情報を解説・整理するうえで活躍した科学者やジャーナリストなどの媒介によって，原発で何が起こっているのか，どのような被害が生じているのか等について，人々が事態を把握するうえで大きな役割も果たした。

しかし事態が当初のクライシス状況を脱し，次第に本格的なリスク議論が求められるようになるにつれ，むしろソーシャルメディアの欠点が目立つようになった。たとえば，ソーシャルメディアでは他者とのつながり方を規定する「信頼」が重要である。このため，人びとはソーシャルメディアで「信頼＜できる／できない＞のは誰か」を探索する。こうした指向性は，特定の人々や組織を英雄視したり，あるいは逆に誰か・何かに問題の責任を帰するといった議論を誘発した。結果としてソーシャルメディアでは，それぞれの集団にとっての「悪役」が作り出されていき，前述のように当初は情報の仲介者だった科学者やジャーナリストも，この対立する陣営ごとの旗振り役になっていった。また，事故直後のソーシャルメディアは，風評被害や被災者差別といった問題を可視化し，それに対処する契機を提供した。しかしこれも時間が経つにつれ，むしろ風評被害や差別問題自体を再確認し，保存・強化する機能を果たしてしまうようになった。もはや，ソーシャルメディア空間は，原子力リスクに関する熟議の場ではなく，対立する議論を可視化するだけの場になったのである。

現代社会のリスクは複雑であり，原子力はその最たるものだろう。持続可能な社会に向けた議論が求められるなか，原子力は一つのエネルギー選択肢となっており，その社会的コストなども含めた慎重な議論が求められている。しかし現状は賛成・反対の両極をなす多数派意見のみ目立ち，ソーシャルメディア空間に建設的な熟議を期待することは難しい。

最近の研究は，ソーシャルメディアはマスメディアほどの影響力を持っておらず，またその分極・対立して歪んだ議論を参照すべきでは無いと指摘している。それでも，ここまで浸透した「世論の参照点」としてのソーシャルメディアの位置づけが消えることも想像しにくい。ソーシャルメディア空間の社会的機能は，その背景で作動するアルゴリズムだけではなく，それを駆動する経済システム，それに対する法的規制，そして利用する人々の社会的規範といった様々な要素によって決まっている。私たちがソーシャルメディアという熟議の可能性を秘めた空間を改めて利用できるかは，今後の取り組みにかかっている。

10 自然災害とリスクコミュニケーション

奈良由美子

《学習のポイント》 自然災害に関するリスクコミュニケーションには，リスクについての理解にとどまらず，行動変容を促すものであることが求められる。本章では自然災害をめぐり，平常時，非常時，回復期に行うリスクコミュニケーションの基本と要点について考える。

《キーワード》 リスクコミュニケーション，クライシス・コミュニケーション，リスク情報，リスク認知バイアス，行動，防災教育，避難指示，リスクコミュニケーションのパラドックス，継承

1．自然災害をめぐるリスクコミュニケーションの特徴

（1）生死に直結し，実際の行動変容を志向するコミュニケーション

自然災害をめぐるリスクコミュニケーションには少なくとも以下の六つの特徴がある。第一に，自然災害のリスクコミュニケーションは生死に直結している。災害発生時の警報や避難指示等の出し方や受け取り方によっては，避難が遅れて命を失うことにもなりかねない。

第二に，自然災害のリスクコミュニケーションは，広範囲に，多数の，多様なステークホルダーが関わるものである。とくに，災害が頻発し，広域災害の発生が懸念されるわが国にあって，多くのひとは将来の被災者であるし災害対応の主体でもある。

第三に，自然災害のリスクコミュニケーションはリスク管理ときわめて密接に一体化している。リスク低減の行動に結びつくようなリスクコ

ミュニケーションでなければならない。

第四に，自然災害のリスクコミュニケーションは，住民，行政，マスメディアなど立場は違えどもこれに関わるひとびとが，自然的外力による社会システムや個人への損害発生の可能性といういわば共通の敵に対峙するものである。どのような方法でどのように資源を動員するかといった点において考え方は多様となろうが，自然災害から命や社会を守ることは共有されやすい価値である。

第五に，自然災害のリスクコミュニケーションは，第１章で提示したリスクコミュニケーションの目的のなかでも「教育・啓発と行動変容」を主な目的として行われる。ただし，リスクコミュニケーションを行ううえでは，信頼と相互理解の醸成や，問題発見と議題構築および論点の可視化，意思決定・合意形成・問題解決に向けた対話・共考・協働もまた副次的な目的として据えられるし，災害からの復旧・復興過程では被害の回復と未来に向けた和解も志向される。

そして第六に，自然災害のリスクコミュニケーションは，平常時，非常時，回復期といった時間経過とともにその様式（モード）が変わる。この点については次項に詳述する。

（2）平常時，非常時，回復期にわたるコミュニケーション

すでに第１章で述べたとおり，リスクコミュニケーションはコミュニケーションの様式（モード）により，ケア・コミュニケーション，コンセンサス・コミュニケーション，クライシス・コミュニケーションの３つに分類される。その分類を行ううえでは，相互作用性の観点とともに，フェイズ（どの時点，どの段階において行われるか）の観点が関わる。この意味で，自然災害をめぐるリスクコミュニケーションは３つの様式のすべてを包含したものとなる。

まず平常時においては，災害への備えを主な目的としたコミュニケーションとして，ケア・コミュニケーションとコンセンサス・コミュニケーションが行われる。ケア・コミュニケーションでは，自然災害のリスクやその低減方法に関する情報提供が中心となる。コンセンサス・コミュニケーションは，そのリスクについて，集団や地域や国レベルではどのように対応するのかあるいは許容するのか等を意思決定するために行われる。

非常時には，差し迫った危険に関するコミュニケーションであるクライシス・コミュニケーションが行われる。その主な目的は速やかな避難や救助を行うことにあるため，この時点でのコミュニケーションは，トップダウンによる一方向の情報伝達となる。

そして自然災害からの回復期には，よりよい復旧・復興を主な目的とするコミュニケーションとしてケア・コミュニケーションとコンセンサス・コミュニケーションが行われる。

自然災害を考えるうえで時間軸は重要な要素となる。そこで本章では，平常時，非常時，回復期を区別しながら，主に平常時と非常時のリスクコミュニケーションの手法や課題を考えてゆくこととする。その前に，わが国の自然災害のリスクに対する一般のひとびとの認識や実際の対応について概観しておこう。

2. わが国における自然災害のリスクおよびひとびとの認識と対応

(1) 自然災害に対する一般のひとびとの認識

日本は世界有数の自然災害国である。その位置，地形や地質，気象等の条件から，地震，津波，噴火，豪雨，豪雪，高潮，洪水，崖崩れ，土石流，地滑りなどによる災害が発生しやすい国土となっている。

とりわけ，日本列島が活動期にある今，大規模地震の発生が懸念されている。「全国地震動予測地図2020年版」（政府地震調査研究推進本部）によると，今後30年間に震度6弱以上の揺れに見舞われる確率値は，東京都（47%），千葉市（62%），横浜市（38%），静岡市（70%），名古屋市（46%），津市（64%），和歌山市（68%），大阪市（30%），徳島市（75%），高知市（75%）等，とくに太平洋側の南海トラフの地震震源域周辺において高くなっている。

南海トラフ巨大地震は駿河湾から四国沖を経て日向灘に至る南海トラフ沿いで発生する大規模な地震である。地震調査研究推進本部によれば，南海トラフ沿いでマグニチュード８～９クラスの地震が発生する確率は今後30年間において70%程度であり，近い将来に巨大地震が発生することが懸念される。被害想定について，中央防災会議の報告（2019年５月）によると，冬季の深夜にＭ９クラスの超巨大地震が発生，駿河湾から紀伊半島沖を中心に大津波が発生した場合，最悪23万1000人の死者が出る可能性があるとされている。

実際，世論調査等の結果によると，日本に暮らすひとの多くは自然災害の発生可能性を認識している。内閣府が実施した「日常生活における防災に関する意識や活動についての調査」（調査時期：2016年２月，調査対象：全国15歳以上の男女，有効回答数：10,000人）では，「今，あなたが住んでいる地域に，将来（今後30年程度），大地震，大水害などの大災害が発生すると思いますか」という問いに対して，「ほぼ確実に発生する」15.9%，「発生する可能性は大きいと思う」47.1%，「可能性は少ないと思う」30.2%，「可能性はほぼないと思う」6.8%と回答されている。「ほぼ確実に」と「可能性は大きい」をあわせて大災害が発生する可能性があると考えているひとは６割を超えるという結果になった。

（2）平常時における自然災害に対するひとびとの備え

上述の内閣府の調査では，「あなたの日常生活において，災害への備えは，どのくらい重要なことですか」と問い，実際に防災対応を行っているかを聞いている。この設問に対し，「優先して取り組む重要な事項であり，十分に取り組んでいる」（3.4%），「災害に備えることは重要だと思うが，日常生活の中でできる範囲で取り組んでいる」（34.4%）を合わせて，取り組んでいるというひとは4割以下となっている。「災害に備えることは重要だと思うが，災害への備えはほとんど取り組んでいない」（50.9%），「自分の周りでは災害の危険性がないと考えているため，特に取り組んでいない」（11.3%）の小計6割がそれを上回っている。大災害が発生する可能性は認識しているものの，少なくとも自分では取組が足りないと考えているひとびとがいる傾向が見てとれる。

（3）非常時における具体的なリスク情報への反応

前項に，ひとは平常時にあって自然災害に対して全般的には強い認識を持ちつつも，それが必ずしも防災行動に結びついていないことを見た。さらには，実際に危険な状況下で，行動変容を要求する具体的なリスク情報に接したときでも，ひとびとが必ずしもそのとおりに反応しないことがある。

津波災害では，現象の発生を確認してからの避難では手遅れになる場合が多い。そのため，地震発生直後または津波警報の発表直後の避難が必要となる。ところが，警報や避難指示等が発令されたにもかかわらず，住民が避難しない・避難が遅れるといった事例が数多く報告されている（松尾ら，2004など）。

例えば2010年2月27日にチリ中部で発生した地震の影響による津波に関して，気象庁は翌28日午前に青森，岩手，宮城県に大津波警報

（高さ3m以上）を発令した。ところが，総務省消防庁によると，およそ50万人に避難指示が出されたにもかかわらず，避難所で確認できたのはその6.5%であった。

リスク情報があったにもかかわらず避難が低調となるのは津波に限らない。札幌市では2014年（平成26年）9月11日の豪雨と大雨豪雨警報発表にともなって，市内78万人に向けて避難勧告を発令し，156カ所の避難所を開設した。いっぽう，実際に避難所に避難した住民の数は479名であった（札幌市資料「平成26年9月11日豪雨に伴う対応状況等について（最終報）」）。また，2015年9月9日から11日にかけての豪雨により宮城県全域に大雨特別警報が発表され，仙台市では土砂災害の危険性があるとして約31万人，川の氾濫のおそれがあるとして約10万人ののべ約41万人に避難勧告が発令された。しかし，避難所に避難した住民は3094人にとどまった（仙台市資料「平成27年9月9日～11日の大雨による被害状況について（第二報）」）。また，平成30年7月豪雨では，岐阜県全体の避難情報発令対象者がのべ約42万人であるのに対して，避難所への避難は約1万人であった（岐阜県平成30年7月豪雨災害検証委員会：平成30年7月豪雨災害検証報告書）。

このように，警報が発表され避難情報が発令されても住民の避難が低調となるケースは枚挙にいとまがない。警報が発表されていても住民の避難が低調となる理由としては，災害情報や災害現象に対する理解力不足，災害情報を過小評価してしまう正常性バイアス，災害情報の空振りにともなう誤報効果（オオカミ少年効果）などが指摘されている（片田ら，2005など）。

3. 自然災害と平常時のリスクコミュニケーション

(1) 平常時のコミュニケーションのポイント

自然災害のリスクが高まるなか，多様なステークホルダーのあいだでリスクコミュニケーションが行われる。平常時のリスクコミュニケーションのおもな目的は，自然災害および災害対策についての知識と理解を深め，実際の行動に結びつけ，備えを促進することである。各アクター（ステークホルダー）が災害意識を高め，いざというときに適切に対応できることをめざすもので，その様式はケア・コミュニケーションが中心となる。

また，災害対策を講じるにあたっては誰が，いつ，どんな役割を担うのか，それにかかる資源はどうするのかなど，集団や地域，あるいは国で合意形成をはからなければならない問題が出てくる。場合によっては，ある程度個人の自由や権利が制限されることもありうる。これらについては，平常時に対話・協働的なコミュニケーション（コンセンサス・コミュニケーション）を行う必要がある。

平常時のリスクコミュニケーションで重要なポイントとしては少なくとも次の三つがあげられる。第一に，自然災害や対処法についての情報をいかに適切に提供できるかである。第二に，ひとには正常性バイアスや同調性バイアスによってリスクを過小視してしまう性質があることを，住民や行政を含むステークホルダーが理解することである。その理解のうえに，ではそのようなバイアスを払拭するには，あるいはそのようなバイアスの存在を前提としてどのような工夫が必要かを共考し協働することまでが，二つめのポイントとなる。そして第三に，自然災害や防災に関して感じがちな「わざわざ感」や「ひとごと意識」を払拭するために，いかに日常性のなかに防災をビルトインさせ，主体的な姿勢を形成できるかが重要となってくる。

（2）自然災害とリスク情報

自然災害に関するリスクコミュニケーションにおいてやりとりされる情報には，言葉によるメッセージ，地図，イラスト，写真，映像，演劇，揺れ（の疑似体験）なども含まれる。写真や映像を用いることの効果は可視的で分かりやすいということだけではない。すでに第2章で述べたとおり，感情はリスク認知の重要な要素であり，例えば河川の氾濫や地震等について写真や映像を提示することは，個人に恐怖などのより強い感情を喚起することになり，リスク認知を高めるという効果がある。

各種ハザードマップは，当該地域の予測される被害を伝えるとともに，避難を含む対処の目安を伝えるコミュニケーションツールとなる。ただし，ハザードマップはあくまでも過去の災害データ等をもとにリスクを評価したもので，将来にはそれよりも遙かに大きい自然的外力と被害が発生する可能性がある。例えば地震についても，先述した「全国地震動予測地図」について地震調査研究推進本部は，予測資料には不確実性が含まれており，新たなデータで確率が変わる可能性があると述べている。ハザードマップは完璧ではないことを，リスクメッセージの送り手・受け手ともに理解しておく必要がある。

（3）平常時のリスクコミュニケーション事例―防災教育

平常時において自然災害に関するリスクコミュニケーションが最も良く行われている活動として防災教育がある。これまでに見るべき取組がいくつもなされているが，優れた取組とされるものは，座学であったり専門家が一方的に講義をしたりするものにとどまることなく，子どもたちや住民が主体となり自分たちのくらしや家族やまちのなかで災害をとらえ，課題解決の方策を考えたりしていることで共通している。

例えば，いわゆる「釜石の奇跡」と呼ばれる成果につながった釜石市の防災教育がそうである。この取組では，災害に備える主体的姿勢を育むための「避難三原則」（「想定にとらわれるな」，「その状況下で最善をつくせ」，「率先避難者たれ」）が基礎となっている。「想定にとらわれるな」は，たとえハザードマップで浸水地域になっていなくてもそれを超える想定外の災害は起こりうることを，また「最善をつくせ」については，「ここは大丈夫」「ここまで来ればもう大丈夫」とは決して思わず，少しでも高く少しでも遠くに逃げるべきことなどを意図している。それらは正常性バイアスや楽観主義バイアスの払拭につながっている。また，「率先避難者たれ」は，「みんなが逃げていないからわたしも逃げない」といった同調性バイアスに働きかけるものである。

また，この事例は，家族の関係という生活の文脈にリスクコミュニケーションを埋め込むものでもある。子どもと保護者の家族紐帯として，子どもの意識を変えることで親の意識を変え，海岸近くで地震の大きな揺れを感じたときに，「津波てんでんこ」（命てんでんこ。命はひとつしかないから，大きな揺れを感じたときは，それぞれ守ること）ができるかどうかではなく，「津波てんでんこ」ができる家族であるという信頼関係を築いていくことなど，防災行動を家族や地域の信頼関係のかたちに具現化していった。

このような取組は確実に広がっている。防災教育や教育コンテンツについては「防災教育チャレンジプラン」ホームページ（防災教育チャレンジプラン実行委員会）等に多数登録されているので参照されたい。

(4) 平常時のリスクコミュニケーション事例—クロスロードゲーム

災害に対して具体的に対処するためには，リスク情報に対する当事者意識を高めることが必要となる。その一助となるツールとして，「クロスロード」という模擬体験型の二者択一式ゲームが開発されている（矢守ら，2005）。

クロスロードゲームは，ゲームの参加者が与えられた立場の役割を演じ，参加者間で意見を交換しながら，現実の問題を再現する手法である。参加者はコミュニケーションを通じて，災害時に何が起こるか，またそれぞれの立場によってどのような意見があるかを実感することにより，異なった角度から問題の理解を深めたりそのような状況への備えに気づき合ったりできるといった効果がある。

クロスロードゲームでは，トレードオフ関係にある2つの選択肢（Yes あるいは No）が提示され，どちらかを選択し，その選択理由や意味づけ等を参加者間で意見交換する。例えば「あなたは海辺の集落の住民。地震による津波が最短10分でくるとされる集落に住んでいる。今，地震発生。早速避難を始めるが，近所の一人暮らしのおばあさんが気になる。まず，おばあさんを見に行く？（Yes あるいは No）」などのカードが提示される。

災害時の対処は，高い不確実性のなかでの意思決定の連続である。自分の意思決定は社会システムの他者との関係の影響を受けるし，逆に影響を与えることにもなる。このゲームを通じて，災害対応を「自分ごと」として考えるとともに，ゲームの他の参加者とさまざまな意見や価値観を共有することができる。

(5) 自己効力感の重要性

ところで，平常時のリスクコミュニケーションでは恐怖喚起コミュニケーションがしばしば用いられる。これは相手に恐怖の感情を引き起こすことで当該リスクへの認知を高めて災害への対処行動をとってもらうことを目的として行われるものである。しかし，例えば「南海トラフ巨大地震で 23 万人が死ぬ」とか，「ここには 30 m の津波が来る」とだけ伝え，ただ怖がらせるだけでは適切な対処行動には結びつかない。災害対策として具体的に何をすれば良いのかの情報，さらには「自分にもそれができる」との自己効力感を高める情報も合わせて伝える必要がある。

リスク認識が実際の行動変容につながるためには，自分の生活に対する自己効力感だけでなく，自分の地域に対する自己効力感（自分が地域の課題解決に影響を及ぼすことができるとの信念）や自己有用感（自分が集団や地域において役立っているとの信念），さらには地域における集団効力感（成員間で共有された，自分たちが集団として課題に取り組むことができるとの信念）を持つことも重要である。

東日本大震災の被災地となった釜石市において，当時の児童・生徒たちに聞き取り調査をしたところ，彼らが防災教育を通じて自己効力感（自分は逃げられる）や自己有用感，集団効力感を高めたことが，防災についての理解や積極的な対処行動の要件となっていたことが分かっている（防災教育推進連絡協議会，2016）。防災におけるリスクコミュニケーション活動の評価項目として，これらの信念形成の程度を確認しておくことは意義があると言えよう。

4. 自然災害と非常時のリスクコミュニケーション

（1）非常時のコミュニケーションのポイント

災害発生時には，避難を含めた緊急的行為を引き出すことを目的としたリスクコミュニケーションが行われる。このフェイズにおけるリスクコミュニケーションの様式はクライシス・コミュニケーションとなる。クライシス・コミュニケーションは，民主的なプロセスが重視される一般的なリスクコミュニケーションと比べて，行動への介入・干渉の度合いが高くなり，トップダウン的な情報の流れとなる。避難指示はその典型である。

人間には，第2章で説明したような正常性バイアスや楽観主義バイアス，同調性バイアスがあり，実際に過去の災害において警報や避難指示等が出ても避難が低調となりうることをすでに述べた。クライシス・コミュニケーションにおいては，これら非常時への対応を抑制してしまうさまざまな要因に配慮して，適切な行動を促すコミュニケーションが求められる。

このフェイズのコミュニケーションの成否は生死に関わることもあり，各アクターにとって分かりやすく行動しやすいリスクメッセージであるなど，受発信される情報の内容・タイミング・メディアが適切に選択されなければならない。

(2) クライシス・コミュニケーションの事例―言語を用いたリスクメッセージの有効性

非常時のクライシス・コミュニケーションでは，危険が差し迫っていることについて，さらにはどのように行動すべきかについての情報を相手に分かりやすく伝えることが主な内容となる。したがって，表現や語調が重要な要素となってくる。

コミュニケーションにおいては相手に対する丁寧さが一般には求められるが，緊急時には，直接的な，場合によっては敬語を用いない表現のほうが切迫性が伝わることがある（吉川ほか，2009)。また，当該メッセージへのひとびとの注意関心を引き出すには，表現や音声に変化を持たせることが有効とされる。例えば，女性のアナウンスと男性のアナウンス，丁寧語と命令口調，また人間の声とサイレンを，それぞれ交互に用いてメッセージを発信する等である。

さらに，緊急時にはひとびとの情報ニーズは高まることから，相手にある対処行動をとってほしいときには，ただ「○○して下さい」とだけ伝えるのではなく「○○だから○○して下さい」と理由と状況説明をセットにすることが必要となる。

クライシス・コミュニケーションの見るべき事例のひとつに，東日本大震災における茨城県大洗町の住民に対する避難の呼びかけがある。同町は，地震発生後に住民に速やかな避難を促すため，防災行政無線を用いて「緊急避難命令，緊急避難命令」，「大至急，高台に避難せよ」といった特徴的な放送を行った（井上，2011）。行政用語にはない「避難命令」という表現や，「避難せよ」との命令口調を用いることで，住民に「これはただごとではない」という切迫感を持ってもらうことにつながった。また，「バス通りより下にお住まいの方は…」，「明神町から大貫角一の中通りから下の方は大至急避難してください」とのメッセージは，目標地点を具体化した行動しやすい情報となっている。さらには，「大洗沖合 50 キロメートル地点に大津波が発生しています」，「第 2 波の波が役場前まで到達しています」といったように，最新の状況を盛り込んだり，サイレンや音声，命令口調と丁寧語を用いて情報に変化をつけたりしている等の工夫も見られる。

東日本大震災を契機に，クライシス・コミュニケーションの見直しが進んでいる。NHK や民放などの放送局は，津波警報や大津波警報発表時に視聴者に避難を呼びかける際，これまでの落ち着いたトーンから，切迫性のある強い口調，命令調，断定調に改めている。テレビ画面の視覚情報も同様に，従来は事実関係（警報が出ている予報区や到達予想時刻等）を表示していたのだが，震災以降，避難を呼びかける「津波！避難！」のような目立つ大きなテロップを出すようになっている。自治体においても，警報発表時には防災行政無線で「避難せよ」と命令調の呼びかけをするようマニュアルを改めたところも見られる。

（3）クライシス・コミュニケーションの事例―言語化されていないリスクメッセージの有効性

リスク情報は言語化されたものだけに限らない。ひとの姿は，非常時において有効なリスクメッセージとなる。すなわち，他のひとが走って避難する姿を目撃することで，リスク認知が高まり，あとを追うように自分も走り出すことにつながるのである。

この現象は，実際に例えば紀伊半島南東沖地震（2004年9月5日）の尾鷲市中井町地区をはじめ，さまざまな災害現場や集合行動に関する実験研究において観察されている（片田ら，2005；片田ら，2006；Sugiman & Misumi, 1998）。また，東日本大震災のあと中央防災会議（2011）が実施した避難実態調査でも，「最初に避難したきっかけ」（複数回答可）としては，やはり「大きな揺れから津波が来ると思ったから」（48%）が最も多いが，次いで「家族または近所の人が避難しようといったから」（20%），「津波警報を見聞きしたから」（16%），「近所の人が避難していたから」（15%）となっている。つまり，地域における他者の避難の呼びかけや率先避難の姿が避難を促す要因となっていたことが分かる。

この意味で，釜石市の防災教育における三原則のひとつに「率先避難者たれ」が盛り込まれていたことは注目に値する。実際に，その教育を受けていた釜石東中学校の生徒たちが地震発生後ただちに高台をめざして走り出し，彼らの姿や声かけによって近隣の住民が避難を始めたことが証言されている（片田，2014）。

（4）リスクコミュニケーションのパラドックス

一般に災害のリスクコミュニケーションは，行政と住民とのあいだで行われることが多い。双方は，以下に述べるようなリスクコミュニケーションのパラドックス（逆説）の存在に留意する必要がある。

災害対策が進むなかでは，災害情報が質量共に充実してきている。しかし，それにともなって，一般の住民のなかでは「情報待ち」（避難に関する情報取得を待つため，かえって避難が遅れる）や「行政・専門家依存」（災害情報の扱いを含めた防災活動を行政や専門家に任せてしまう）といった傾向が強まってゆく。つまり，リスク情報が充実すればするほど，情報によって解消しようとしていた当初の問題（早期の自主的な避難など）の解決が，かえって遅れてしまうという問題が生じる（矢守，2013）。

また，リスクの二次情報・三次情報が充実すればするほど，一次情報を理解し活用する個人の能力が低下することにもなる。リスク情報には，発信者としての他者の有無と加工のレベルにより，一次情報（個人が主に自らの五感でリスク情報を受信する。刺激臭を感じる，地盤の揺れを感じるといった知覚・体感等），二次情報（一次情報をもとに主に専門家による分析・評価が加えられ作成・発信される直接的なリスクメッセージ。行政や各種研究機関などによる状況報告・警報等），三次情報（一次・二次情報をもとに独自の解釈と情報の付加が行われ作成・発信されるリスクメッセージ。マスメディアやパーソナルメディアを介して伝えられる報道・解説・語り等）がある。二次情報・三次情報があふれるなか，個人がコストをかけて一次情報を収集したり吟味したりする必要性は薄れ，そのためのリテラシーも低下してゆくことになる。しかし，リスクや状況によっては常に他者からリスク情報を受け取れるとは限らない。いざというときに一次情報を活用できずに適切な対応がとれないことが起こりうる。

非常時にこのような逆説的現象による被害が生じないようにするには，平常時からのリスクコミュニケーションが重要となる。すなわち，リスクコミュニケーション事例で見たような取組により，災害に主体的に向かい合う姿勢を形成することである。

5. 回復期のコミュニケーション

最後に，回復期のリスクコミュニケーションについても言及しておく。このフェイズのコミュニケーションは，今後の災害対策を含めて復旧・復興をどのように進めるのかについての合意形成が主な内容となってくる。リスク問題はしばしばトレードオフがともなうが，自然災害からの復旧・復興も同様である。例えば，区画整理には明らかに複数の主体間での利害関係が生じるし，また高台移転や大防潮堤の建設による安全確保は，これまでの生活・生業への変更，コミュニティや景観への影響，コストの増大といった別の問題を生じさせる。当該地域の今後の自然災害リスクを評価するとともに，全体としてどのような地域にしてゆきたいかを考えながら，どのレベルで安全を確保すべきかを関与者が共に検討するためのコミュニケーションが，このフェイズにおけるリスクコミュニケーションとなる。

このコミュニケーションにはどうしても時間がかかる。実際，東日本大震災でも，住民の合意形成に時間を要し，被災後の早期復旧・復興が遅れ気味となる自治体もみられた。そこで現在注目されているのが事前復興である。事前復興とは，近い将来大規模な自然災害が起こり壊滅的な被害が生じる可能性が高いと予測される地域において，それを前提に事前に復興まちづくりを行うものである。これにかかるコンセンサス・コミュニケーションは，回復期を想定して平常時に行うリスクコミュニケーションと言える。

それから，回復期のリスクコミュニケーションとして，災害があったことを伝えるさまざまなリスク情報があることにも触れておきたい。震災の碑などのモニュメント，震災遺構，博物館，また，手記や語り部活動もそれに該当する。「ここより下に家を建てるな」と子孫に伝える岩手県宮古市重茂の姉吉地区の大津浪記念碑は有名である。その教えを守ることで，当該地区は東日本大震災にあっても建物被害がゼロであった。2016年熊本地震の伝承に関しても，震災遺構，報告書，写真，絵本，語り部活動，デジタルアーカイブ等，多くの取組がなされている。このうち，回廊形式のフィールドミュージアム「熊本地震 記憶の廻廊」では，地面に走る断層を実際に目視する等により，地震災害の甚大さが実感される。ほかにも災害の言い伝えは全国に見られ，消防庁ホームページには，全国災害伝承情報が掲載されている。

自然災害のあと，ひとびとは次なる災害に備え，後生の安全に向けてリスクコミュニケーションを行う。そして，それが平常時のリスクコミュニケーションとして次世代に継承されてゆく。自然災害のリスクコミュニケーションは，時間経過とともに不断に行われることで，いまとこれからの命と暮らしを守ることに資する。

参考文献

井上裕之（2011）「大洗町はなぜ「避難せよ」と呼びかけたのか：東日本大震災で防災行政無線放送に使われた呼びかけ表現の事例報告」『放送研究と調査』2011年9月号，pp.32–53.

片田敏孝・児玉真・桑沢敬行・越村俊一（2005）「住民の避難行動にみる津波防災の現状と課題―2003年宮城県沖の地震・気仙沼市民意識調査から―」『土木学会論文集』No.789，Ⅱ-71，pp.93-104.
片田敏孝・桑沢敬行・金井昌信・細井教平（2006）「災害調査とその成果の基づくSocial Co-learningのあり方に関する研究（地域防災力の向上を目的とした継続的地域研究の実践―三重県尾鷲市における津波防災を事例として―），土木学会調査研究部会平成17年度重点研究課題（研究助成金）成果報告書」http://www.jsce.or.jp/committee/jyuten/files/H17j_04.pdf
片田敏孝（2014）「災害に備える主体的姿勢を育む防災教育」堀井秀之・奈良由美子『安全・安心と地域マネジメント』放送大学教育振興会
吉川肇子・釘原直樹・岡本真一郎・中川和之（2009）『危機管理マニュアル―どう伝え合うクライシスコミュニケーション』イマジン出版
消防庁「全国災害伝承情報（ホームページ）」
http://www.fdma.go.jp/html/life/saigai_densyo/
政府地震調査研究推進本部（2016）「全国地震動予測地図2016年版」http://www.jishin.go.jp/evaluation/seismic_hazard_map/shm_report/shm_report_2016/
中央防災会議（2011）東北地方太平洋沖地震を教訓とした地震・津波対策に関する専門調査会第7回会合「平成23年東日本大震災における避難行動等に関する面接調査（住民）分析結果」http://www.bousai.go.jp/kaigirep/chousakai/tohokukyokun/7/pdf/1.pdf
内閣府（2016）「日常生活における防災に関する意識や活動についての調査」
http://www.bousai.go.jp/kohou/oshirase/pdf/20160531_02kisya.pdf
奈良由美子（2022）「伝承からレジリエンスへ」鈴木康弘・奈良由美子・竹内裕希子編著『熊本地震の真実：語られなかった8つの誤解』明石書店
防災教育チャレンジプラン実行委員会「防災教育チャレンジプラン（ホームページ）」http://www.bosai-study.net/top.html
防災教育推進連絡協議会（2016）「成果報告シンポジウム資料」（2016年8月21日）
松尾一郎・三上俊治・中森広道・中村功・関谷直也・田中淳・宇田川真之・吉井博明（2004）「2003年十勝沖地震時の津波避難行動」『災害情報』No.2，pp.12-23.
矢守克也・吉川肇子・網代剛（2005）『防災ゲームで学ぶリスク・コミュニケーション－クロスロードへの招待』ナカニシヤ出版

矢守克也（2013）『巨大災害のリスク・コミュニケーション―災害情報の新しいかたち』ミネルヴァ書房

Sugiman, T., & Misumi, J.（1988）Development of a new evacuation method for emergencies：Control of collective behavior by emergent small groups. *Journal of Applied Psychology*, Vol 73（1）, pp.3-10.

11 感染症とリスクコミュニケーション

堀口逸子

《学習のポイント》 本章では，感染症におけるリスクコミュニケーションを理解するための基礎として，感染症及びその予防方法の特徴を捉える。事例として，新型コロナウイルス感染症における Twitter アカウントからの情報発信を提示する。新型コロナウイルス感染症のパンデミックを想起しながら，感染症のリスクコミュニケーションをどのようにすすめていくのか考えよう。

《キーワード》 パンデミック，COVID-19，新型インフルエンザ，予防方法，性感染症，人権，ハイリスク者，ズーノーシス，クライシス・コミュニケーション

2020年から始まった新型コロナウイルス感染症（COVID-19）の世界的大流行（パンデミック）は未だ収まる気配がない。テレビや新聞だけでなく，SNS を通じて様々な情報が流れてくる。日本で第1波の流行が始まった2020年3月は，まさに「緊急時のリスクコミュニケーション」であった。新型コロナウイルス感染症の流行が長期化するなかで，時々刻々と提供すべき情報が変化する。リスクコミュニケーションは，対話，共考，協働の活動である。第1波のような緊急時とは異なる状況のなかで，情報の受け手の理解や知識は確認できているのか。また，対話の場面は確保されているのか。新型コロナウイルス感染症の流行下をイメージして，リスクコミュニケーションに関わる諸問題について，考えてもらいたい。

1. リスクコミュニケーションからみた「感染症」の特徴

(1) 未知の，また日本において確認されていない病原体がある

感染して，病気を発症させる生物を「病原体」と言い，寄生虫，真菌(カビ)，原虫，細菌，リケッチア，ウイルスに分類され，寄生虫を除く病原体は「病原微生物」という。この地球上にどのくらいの病原体があるのだろうか。未知の病原体もある。また，日本において確認されていない病原体もある。日本において確認されていない病原体に感染した事例が発生すると「初めて」のこととして，メディア等にセンセーショナルに取り上げられることは必至である。国内で未確認の病原体に国外で感染，または，過去に国内で感染と流行が見られたが近年国内発生事例がない感染症を発症した事例もほぼ同様に取り上げられる。

例えば，2006年（平成18年）11月17日，日本経済新聞朝刊に，「国内で狂犬病，36年ぶり発症，京都の60代男性」との見出しで記事がでた。そして18日には患者が死亡したこと，同月22日には2例目の患者について報道された。記事の内容は，最初は発症した患者について書かれ，次いでワクチンに関して，そして，1例目の発生から約5ヶ月後のゴールデンウイーク前に，海外渡航時の狂犬病予防について注意喚起がされた。このようにメディアの報道も時間とともに，センセーショナルな内容から予防方法などへと変化する。

(2) 科学的に解明されていないことや効果的な治療法がない感染症も少なくない

感染は，ヒトからヒトへ，だけでなく，動物からヒトへと感染する場合もある。また蚊などが媒介することもある。病原体を含むちりや埃を

吸い込むことで感染が起こる「空気感染」，病原体を含む飛沫を吸い込むことで感染が起こる「飛沫感染」，病原体に汚染されたものに触れることで，口や粘膜から病原体が侵入し感染が起こる「接触感染」がある。

また，新型コロナウイルス感染症では，空気中を漂う微粒子（エアロゾル）による感染「エアロゾル感染」が2021年10月29日より厚生労働省ホームページに記載され，感染経路に加わった。

科学的に感染経路等が解明されていない，治療法がなく対症療法でしのいでいる感染症も少なくない。またすべての感染症にワクチンがあるわけではない。新型コロナウイルス感染症のパンデミックでは，専門家によるクラスター分析によって感染リスクが高い場面が判明するまで，ある程度の時間を要した。いわゆる「３密（密閉空間・密集場所・密接場面）」である（図11-１）。また，ワクチンも日本では2021年２月14日に初めて薬事承認されるまで，流行の始まりから約１年経過していた。ワクチンや治療法がないことは，通常とは異なる死に方をし，死に至るという取返しのつかない被害を与えることにつながることが容易に考えられ，怖い，恐ろしいという感情を起こす（Bennett et al., 1999）（表11-１）。

（３）感染症は異なっても基本的な予防方法はあまりかわらない

ウイルスや原虫などの病原体を持った蚊がヒトを吸血することによって（媒介して）感染が起こる。蚊を媒介して発症する感染症は，マラリア，日本脳炎，デング熱，ウエストナイル熱など様々である。予防は，蚊にさされない（吸血されない）ようにすることであり，発症する感染症は異なっても予防方法は同じである。一般的な感染症の個人の予防方法は「手洗い」「マスクをする」「うがい」である。新型コロナウイルス

図 11-1　3つの密

表 11-1 「怖い」「怖ろしい」と感じる事象

「怖い」「怖ろしい」と感じる事象
非自発的にさらされる
不公平に分配されている
個人的な予防行動では避けられない
よく知らない，新奇なもの
人工的なもの
隠れた，取り返しのつかない被害がある
小さなこどもや妊婦に影響を与える，後世に影響を与える
通常とは異なる死に方をする
被害者がわかる
科学的に解明されていない
信頼できる複数の情報源から矛盾した情報が伝えられる

感染症では「うがい」ではなく，エアロゾル感染を防ぐための「換気」について啓発している。これはデルタ株の感染による第5波を受けた対策と考えられる。しかし，新しく変異株が現れたからといって，その都度新しい予防方法が加わるわけではない。流行が長期化するなかで予防方法が変わらなければ，積極的に情報を収集しようとすることも，また予防行動もおろそかになりやすい。そのような状況のなかで，どのようなメッセージが効果的なのかリスク管理者とともに考え発信しなければならない。

（4）感染症の名称が様々ある

感染症の名称について，日常用語としても専門用語としても同じ名称であるが，疾患名として日本独自のものを使用している場合がある。

例えば，「狂犬病」は「狂犬」からイヌの病気であると容易に想像できるが，決してイヌだけでなく哺乳類が感染し，感染した動物からヒトへと感染する。症状は「狂う」のではなく，水を恐れるという特徴があり，そのことから恐水症（hydrophobia）とよばれる。海外では恐水症以外の名称は用いられていない。確かに感染すれば100％死に至るため，「狂犬」という疾患の名称から恐怖を感じさせる。すなわち恐怖喚起コミュニケーションと考えられる。しかし，イヌからのみ感染する疾患との誤解を与えてしまう。法律名も「狂犬病予防法」であり，公的機関からの情報提供でこの名称以外を使うことはできない。そのため感染経路や症状等について，丁寧な情報提供が必要不可欠である。

疾患名として「新型●●」という使い方は日本独自のものである。インフルエンザでは，他国においては通常のインフルエンザと同じ「インフルエンザ」を用い，タイプ（例えばH1N1）をともに伝える。様々なタイプのインフルエンザが発生する可能性が否定できない状況のなかで，何度も「新型インフルエンザ」との呼称を用いることは，これまでの「新型インフルエンザ」との違いもわからず混乱を生じる可能性が高い。厚生労働省ホームページ（https://www.mhlw.go.jp/bunya/kenkou/kekkaku-kansenshou04/inful_01.htm）にも「このサイト内で『新型インフルエンザ』と記載しているものは，基本的に新型インフルエンザ（A/H1N1）を指しており，掲載している情報も主に発生当時から 2011 年 3 月 31 日までのものであることにご注意ください。」と赤文字の注意書きがある。また，インフルエンザのタイプを示すアルファベットと数字について，数字の大きさは，重篤度のランクを示すように誤認されることを認識しておかなければならない。

新型コロナウイルス感染症は日本以外では「COVID-19」が名称である。日本プライマリ・ケア連合学会のホームページ（https://www.pc-covid19.jp/article.php?ckbn=1）にもウイルス名と疾患名の名称について解説されている。呼称は，専門家が決めるというよりも，報道するメディアが新聞の見出しなどで使用したものが使われていくことがほとんどである。リスク情報を正確に提供し誤解されないよう，将来も想定しながら，専門家を交えてどのような呼称にするのか，決められるべきである。今回の新型コロナウイルス感染症の流行では，変異「種」なのか「株」なのか混在した時期があったが，のちに「変異株」と統一された。

数字によって誤解を与えかねない例としては「３つの密を避けましょう」のポスター（図 11-１）がある。３つの密に数字が記載されており，例えば①は，感染の可能性が最も高い密と読み取られかねない。また，作成された年月の記載がもれている。その後，情報は更新され（図 11-２），この３つの密は，３つが重なった部分ではなく「どれかひとつでも」感染の可能性があるため，「ゼロ密」を目指している。「密」の説明に数字はなく，また 2022 年版と記載がありいつの時点の情報かがわ

図 11-2　ゼロ密の啓発

かる。情報が更新されたことは，十分伝わっているだろうか。情報がリニューアルされたことは，デザインや色を変えるなどすると気づきやすい。

「Zoonosis（ズーノーシス）」は，日本では「人獣共通感染症」「動物由来感染症」「人と動物の共通感染症」と３つの用語が使われている。省庁でいえば，順に，農林水産省，厚生労働省，環境省が用いている。Zoonosis（ズーノーシス）は，1958 年に開催された WHO（世界保健機関）と FAO（国連食糧農業機関）の合同専門家会議において「人と人以外の脊椎動物の間で自然に移行する病気または感染」と定義されているが，各省庁の立場で考え方が異なり，そのため使用する用語が異なっている。このことは，一般の人々には別の疾患群を表していると誤認される可能性がある。

(5) 性感染症は，コミュニケーションにおいて躊躇する用語がある

性行為により感染する「性感染症」は，感染に関わる行為やコンドーム使用等の予防法を口に出す，会話することははじらわれ，躊躇され，また他人事として捉えやすい。そのため，共考のためのリスクコミュニケーションにおいては，何らかの工夫が必要である。

(6) 感染症の専門家は，誰なのか

リスクコミュニケーションの場に登場する専門家は，ヒトを治療する臨床医師とは限らない。感染症に関わる専門家は，病原体の研究者，薬剤やワクチン，検査薬や検査法の開発者，予防対策にあたる公衆衛生の実務者など多岐にわたる。動物に関わる獣医師もいる。また国家資格を有する者やそうでない者もいる。公衆衛生の実務者は，地域などの集団について主に考えているし，臨床医師は個々の患者を診ている。病原体の研究者はヒトについて詳しいとは限らない。専門家として，自分の日常業務や研究とあまり関係ない内容について，立場を利用しコメントしている場面を見かける。専門は限定的で決して広くない。だからこそ専門家間も協働しなければならないのである。意見交換会やシンポジウムの企画や，審議会の構成メンバー候補を選定する立場になった場合には，そのテーマや目的に相応しい専門家を見つけなければならない。そしてリスクコミュニケーションの情報提供の役割を担う専門家は，あくまで客観的な事実を伝える中立的な立場の人であり，自分の考えや信念などにより人に影響を与えることを目的としてはならない。専門家の意見を受け入れさせるのがリスクコミュニケーションではない。

(7) 人権に配慮をしなければならない

個人が特定されないことなど人権に対する配慮が必要である。

らい病と言われたハンセン病は古くから知られており，感染症のひとつである。明治時代にハンセン医師によりその原因菌（らい菌）が発見された。日本では，1931年の「らい予防法」の制定により，患者を強制的に療養所に収容し，一般社会から隔離する「隔離政策」が行われた。この政策により，本来感染力は弱く，ヒトからヒトへ感染しにくいにも関わらず，ヒトへ感染しやすいイメージが定着し，誤った情報が普及され，国民の理解が進まなかった。また早期発見・治療とならなかったケースでは，顔面，手足などに皮疹や末梢神経障害などが残り，外見上の問題と手足が不自由なことから，偏見を強めることになった。

必要以上に感染者を忌避し，個人が得た情報が正確かどうか確認をする前に忌避行動が起こり，最新の情報（知識）に更新され難い。感染症の流行は，感染した特定の個人をつきとめても解決できず，自分だけがたとえ完全な予防策をとっていたとしても，人と関わりをもつならば感染リスクを下げられない。感染症は，社会のすべての人々で対応しなければ解決しない。自らの問題として受けとめ，社会の一員としての行動を促すような情報提供に務めなければならない。

（8）地球規模の問題となる

感染は，道路の造成や森林の伐採などの開発により動物がヒトと接する機会が増えること，都市化により人口が増加すること，ヒトが国境を越えて移動することから，国境を越え，ボーダレス状態で広がり，世界規模での流行を引き起こす。これは，感染症対策が地球規模の問題となることを示している。飛行機による移動で，国外で流行している感染症が十数時間の間に国内に侵入する可能性を否定できない。2019年末より武漢での流行に始まった新型コロナウイルス感染症は瞬く間に世界の国々で大流行を引き起こした。このことから，自国での感染者や流行が見られずともリスクコミュニケーションを開始しなければならないことは自明である。

(9) 感染症を扱っても感染症のリスクコミュニケーションとは限らない

WHOが指針で定めた病原体を扱う施設基準をBio Safety Level（BSL）という。エボラウイルスやラッサウイルスなど，感染力が強く致死率が高い病原体の培養や保管，実験や研究する施設は，最も厳しい基準のBSL4で運用されなければならない。国内でBSL4施設を運用するには，厚生労働大臣の指定が必要となる。国内にはその要件を満たす施設は2か所で，いずれも周辺住民の反対によってBSL3の施設として稼働している。しかし，国内でエボラ出血熱の感染が疑われた事例の確定診断のために2015年（平成27）8月，国立感染症研究所村山庁舎のBSL4施設は，厚生労働大臣より特定一種病原体等所持施設として指定されBSL4施設として稼働した。周辺住民とのリスクコミュニケーションが継続されているが，これは「感染症」のリスクコミュニケーションではない。ごみ処理場や産廃処理場などの建設時のリスクコミュニケーションと同等のいわゆる「迷惑施設」のリスクコミュニケーションである。感染症を扱うからといって感染症のリスクコミュニケーションと誤認するのが，感染症の専門家である。

2. 日常（平時）におけるリスクコミュニケーション

感染症は，1年365日生存している限り感染リスクがある。人々が怖い，恐ろしいと思う事象は表11-1で示した11項目であり，感染症はそのほとんどに該当している。何より，原因となる病原体が私たちに見えない。

リスクコミュニケーションで取り扱う内容は，（感染症の）リスクの性質とリスク管理（予防方法，感染拡大防止対策，ワクチン政策など）についてである。病原体は限りなく多く，感染するヒトの年齢や生活習慣，行動，居住地域，季節などによってリスクや流行の程度が異なる。先述したように異なる感染症でも予防方法がほとんど変わらないため，感染症別に情報提供するだけでなく，予防方法に絞った情報提供も考えられる。また，インフルエンザのように冬に流行が多くみられるなど時期による情報提供も考えられる。

（1）どのような感染症について優先的に情報提供すべきか

日常において，数ある感染症のなかで，どのような感染症について優先的にそのリスクや予防方法について私たちは知っておかなければならないのだろうか。研究者や公衆衛生対策に携わる行政職員（堀口他，2008），臨床医師（柏木他，2009）など職種（群）によって考える感染症とその優先順位が異なっている（堀口他，2011）。世界的な流行の兆しや，新しい病原体の発見など，最新の情報は，臨床の場面や学術論文等から専門家によって情報収集されている。専門家は，これまでの知見や経験を踏まえリスクの程度や流行の予測等ができる。しかし各々の専門家の専門分野は広くなく，個々の専門家が得ている情報も断片的となる。感染症対策が地球規模の問題となっていることからも，各々の専門家の国を超えた意見集約とそれによる情報提供が望まれる。

（2）リスクコミュニケーショントレーニング

感染拡大防止には，様々な人々，ステイクホルダーが関与する。大流行時には，一般の人々にとっては想像できないような出来事が同時多発的に起こる。それが社会全体として複雑に絡み合っていることは感染症の専門家には容易に想像できる。新型コロナウイルス感染症のオミクロン株の流行では，多くの人が感染せずとも濃厚接触者となり職場に出勤できなくなった。企業等，その状況を想定し事業継続計画 BCP（Business Continuity Plan）を準備していただろうか。

パンデミックのシミュレーションができるツールとして，阪神淡路大震災をきっかけに開発されたクロスロードゲーム（登録商標 2004-83439）（矢守他，2005）の新型インフルエンザ編がある。公益財団法人日本公衆衛生協会のホームページより入手できる（http://www.jpha.or.jp/sub/menu05_2.html）。表 11-2 にその一部を抜粋し示した。各々の問題に対して，あなたは Yes または No のどちらの回答を選択するだろうか。研究結果（堀口他，2008）では，「まわりの人の決断で意外であったもの」と感じた問題が 18 問中 13 問あった。カードに書かれた問題文のみの限定的な情報のなかで，個々人がシミュレーションした結果導かれた回答が，立場が異なれば異なるということである。クロスロードゲームを通じてステイクホルダー各々の異なった世界観を実感し，相互理解につながると考えられる。また，ほとんどの質問に「なるほど」と感心し，「ためになる意見が聴けた」と感じていた。参加者各々から様々な意見や情報が提供されそれらが共有できたと考えられる。リスクコミュニケーションの進め方（第 6 章図 6 - 1 ）の相互理解までである。

表 11- 2 に示した問題文の内容をみると，新型コロナウイルス感染症の流行でも類似した状況が発生している。専門家は，類似性が見られたとしても，感染拡大の程度や重篤度等の違いによって，情報提供において正確性を追求しがちである。しかし，起こりうる社会状況が類似しているのであれば，日常からイメージして専門家でなくともその対処方法について考えることはできる。組織において起こりうる可能性に対処すべく対策を準備することは危機管理そのものである。リスクコミュニ

表11-2　クロスロードゲーム問題（抜粋）

立場 （あなたは…）	問題	回答	
		YES	NO
感染症研究者	新型の感染症が発生。当該の分野の専門家は少なく，マスコミからの取材が殺到。対応していたら状況の解明が遅れる。他方，一般への情報提供も責務と感じる。マスコミに対応する？	対応する	対応しない
ホテルの経営者	新型インフルエンザ患者が発生とマスコミが連日報道している。折も折，近隣の病院の看護師数名から宿泊予約が入った。予約を断るか？	断る	受ける
スーパーの店長	新型インフルエンザが大流行。感染をおそれてかパートの従業員が出勤して来ず，通常の営業が維持できそうもない。販売を食品と主要な日用品に限って営業を継続するか？	継続する	継続しない
電力会社のメンテナンス部門の課長	新型インフルエンザ発生。電線整備担当の社員も多く感染し，半分職場に出て来ていない。電線の整備がままならず，停電地域がチラホラ。職員を不眠不休で働かせる？	不眠不休で働かせる	通常シフトで働かせる
町長	新型インフルエンザが発生。集会をすると感染者が増える可能性があると保健所から助言が。町主催の成人式が間近だが，開催する？	開催する	中止する
老人介護施設の所長	新型インフルエンザ発生。外部からのウイルスの侵入を防ぐため，入所者の家族であっても，当面，面会などを断る？	断る	断らない
塾経営者	新型インフルエンザが流行。受験シーズン到来で受験対策講習会の受講生募集を終了した。近隣の中学校で休校とのうわさ。受講生の保護者からは，学校が休校になっても予定どおり講習会は開講してくれと要望の電話が朝からかかっている。あなたは講習会をこのまま開講する？	開講する	開講しない
内科医院院長	新型インフルエンザの流行の兆し。医師会からワクチン投与の連絡があった。このワクチンは開発されたばかりで安全性に関しては不明であるとのこと。あなたはこのワクチンを接種する？	接種する	接種しない

ケーションは危機管理の一翼を担っており，単なる情報提供ではなく，情報を収集，共有し，相互理解から決断へとすすむことがわかるであろう（第6章図6-1）。

3. 緊急時のリスクコミュニケーション

緊急時のリスクコミュニケーションをクライシス・コミュニケーションともいう。しかし，あえて区別することもない。

ここでは，緊急時のリスクコミュニケーションとしてソーシャルネットワーク（以下SNSという）を利用した情報提供の事例を紹介する。2020年3月から厚生労働省クラスター対策班の立場でかかわったリスクコミュニケーション活動の一部であるTwitterアカウント「新型コロナクラスター対策専門家」の運用である（Horiguchi at el., 2022)。

（1）リスクコミュニケーションにおけるSNSの活用

WHO（世界保健機関）は，リスクコミュニケーションで使用する手法としてソーシャルメディアもあげている（WHO, 2020)。

総務省令和2年度の通信利用動向調査によれば，モバイル端末保有者は81.8%，スマートフォン保有者は67.6%であった。私たちはモバイル端末を利用して，いつでもどこでも容易に情報を入手できる環境にある。モバイル社会白書2021年版によれば，各種SNSの認知度や利用率は，LINEが最も高く，順に94.1%，77.8%であった。次いでTwitterの85.7%，39.8%である。また，各々のSNSで利用率が発信率の2倍以上であることから，情報収集に利用されていると考えられる。SNSは，比較的容易に安価に情報提供ができ，そして拡散されやすい。これからのリスクコミュニケーションでは，平時を含めSNSの活用は必須である。

（2）利用するツールの決定と運用

2020年3月の連休明けに，数理モデルによる流行のシミュレーションを担当し厚生労働省クラスター対策班に所属していた西浦博教授（当時北海道大学，現京都大学）より相談を受けた。そこで，心理学者，社会学者，サイエンスコミュニケーター，広告代理店社員，危機管理コンサルタントに声をかけコミュニケーションチームをつくった。

日本で利用されているSNSのなかから，利用率やコストがかからず拡散性が高い点からTwitterを利用することにした。Twitterは，テキストだけでなく画像や動画も添付することができる。そして，クリックひとつでリンク先に飛ばすことができる。

厚生労働省には公式のTwitterアカウントがいくつかある。そのアカウントは省全体の情報の提供に用いられており，新型コロナ感染症に特化したものではない。公式アカウントを使って発信するためには，多くの厚生労働省の担当者からチェックを受ける必要がある。そのため情報提供のスピードが遅くなり，緊急の対応が十分にできるとは思えなかった。

厚生労働省クラスター対策班に所属する専門家から発信されるアカウントであることを，厚生労働省のクレジット無しで「クラスター対策班」という用語を使用せずに，一般の人々に認識してもらうにはどうしたらよいのか。「新型コロナ感染症クラスター対策専門家」というアカウント名は，日本独特の「あいまいさ」を利用した，要するに誤解してもらう名称である。リスクコミュニケーションでは何より「正確に」伝えることが第一である。しかし，正確な名称を付ければ緊急対応ができないというジレンマに陥った。名称を考えつつ，厚生労働省との調整など，アカウント開設までに1週間を要した（図11-3）。

SNSアカウントを運用する前に明確にすべき点は，以下の3つであ

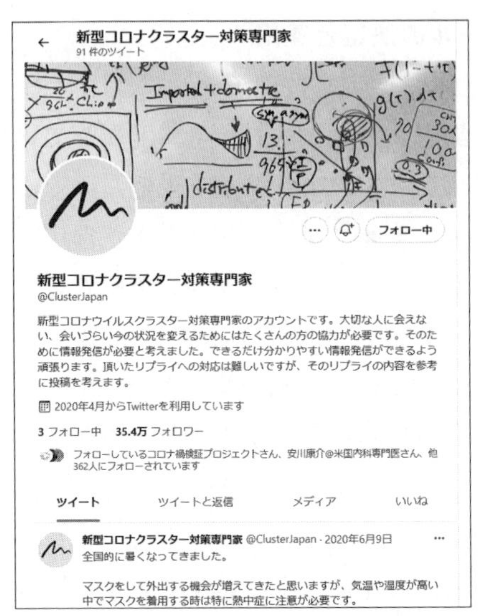

図 11-3　新型コロナクラスター対策専門家 Twitter アカウント

る。

・情報を届ける相手は誰なのか

・伝えたい情報，伝えられる情報は何なのか

・運用に関するリソース（スタッフや予算）

西浦博教授からの依頼は，若者への情報提供であった。複数の情報源から異なった情報が伝えられることは混乱を招く。この Twitter アカウントから何の情報を提供するのか，クラスター対策班だからこそ伝えられる情報に限定した。クラスター分析や流行のシミュレーションなど科学的な情報に重きを置いた。「手洗い」や「マスク」については一切ふれていない。また，人権に配慮し，クラスターの発生地域などの情報は提供していない。発信した情報内容を図 11-4 に示す。「緊急事態宣言」の解説など，一部リスク管理についてふれている。それは「初めて」の

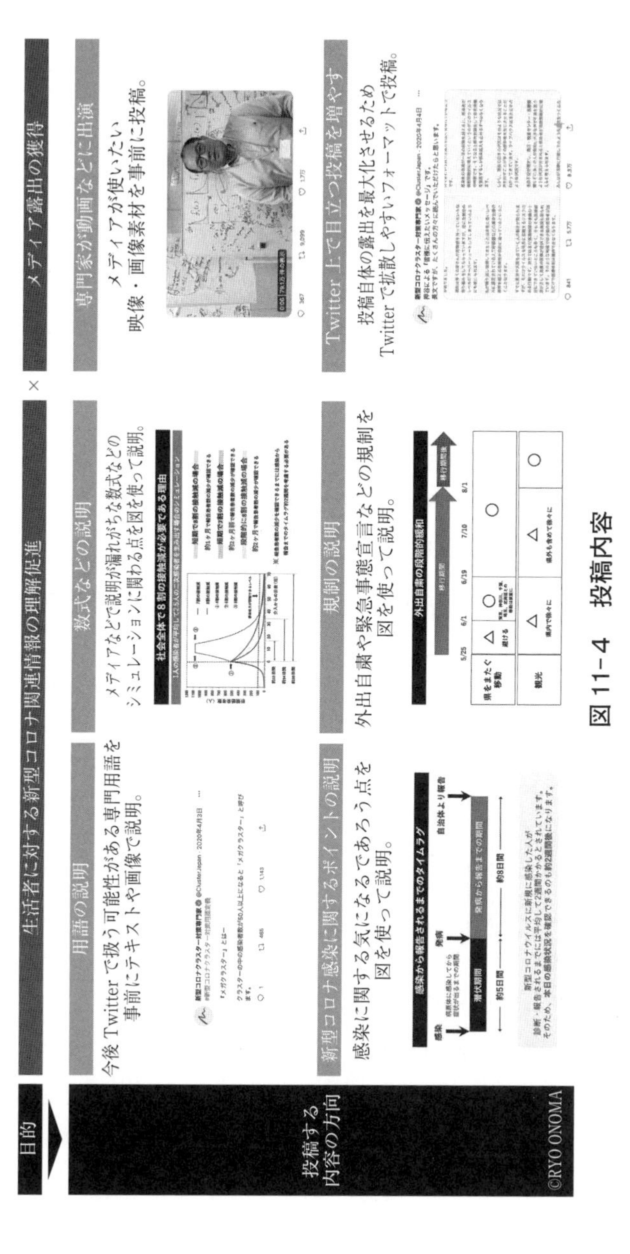

目的
生活者に対する新型コロナ関連情報の理解促進
×
メディア露出の獲得
投稿する内容の方向
用語の説明
今後 Twitter で扱う可能性がある専門用語を事前にテキストや画像で説明。
数式などの説明
メディアなどで説明が漏れがちな数式などのシミュレーションに関わる点を図を使って説明。
社会全体で8割の接触減が必要である理由
専門家が動画などに出演
メディアが使いたい映像・画像素材を事前に投稿。
新型コロナ感染に関するポイントの説明
感染に関する気になるであろう点を図を使って説明。
感染から報告されるまでのタイムラグ
規制の説明
外出自粛や緊急事態宣言などの規制を図を使って説明。
外出自粛の段階的緩和
Twitter 上で目立つ投稿を増やす
投稿自体の露出を最大化させるため Twitter で拡散しやすいフォーマットで投稿。
©RYO ONOMA

図 11-4　投稿内容

ことであれば発信した。

実際の運用に当たったスタッフは私を含む研究者３名と広告代理店社員１名の計４名である。テキストと画像や動画は，数理モデルの研究者２名が作成した。アイコンのみデザイナーに依頼した。情報内容のクラスター対策や流行のシミュレーションなどについて，その素人であるデザイナーに説明し理解してもらい，イラストに起こしてもらうにはかなり労力と時間を要する。緊急時にはそのような時間的余裕がない。画像は研究者がパワーポイントで作成し，動画もモバイル端末で撮影したものである。

情報を拡散させるために，メディア露出の獲得も視野にいれて運用されていた。これはSNSを使った広報を企業に提案してきた広告代理店社員による功績である。結果として，ニュース番組や情報番組でアカウントが紹介されるだけでなく，ツイートされた動画や画像が解説に利用された。

なお，クラスター分析によって新たな科学的な情報が頻出していない状況のため，Twitterアカウントに2020年６月９日以降ツイートはない。

（3）リスクコミュニケーションの評価

リスクコミュニケーションはPDCAサイクルでまわしていく。これまで実施してきたリスクコミュニケーションを評価し，改善点を洗いだし，次のサイクルにいかすことになる。

プロセスの評価（Horiguchi at el., 2022）として，投稿されたツイートを時系列に図11-5に示した。ツイート数は，最初の２日間に突出して多かった。これは，ツイートが多くの人の目にふれる，いわゆるインプレッション数をあげるためである。アカウントにTwitter社の認証

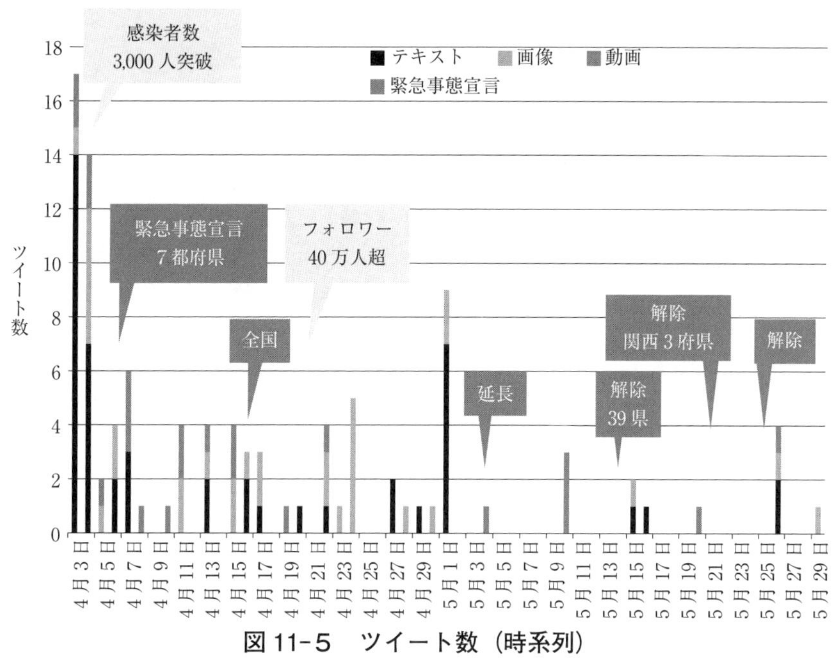

図 11-5　ツイート数（時系列）

日本健康教育学会　2020；30 (1)
A report on the operation of the Twitter account "Experts of the COVID-19 Cluster Taskforce"

マークはなかなか付与されなかったが，最高 44 万 8 千人のフォロワーを獲得した。認証マークの要件は Twitter 社にも問い合わせたが，わからなかった。

インプレッション数の多かった上位 5 つのツイートについて表 11-3 に示す。画像や動画を添付したツイートのインプレッション数が多くなるのは，既存の論文（Jackson at el., 2018）と同じであった。アカウントを開設した当日に，偽アカウントではないかとリプライ，いわゆる返信があり，慌ててテレビに出演し顔が知られている専門家を数名動画で

表 11-3　インプレッション数上位のツイート　2020.6.10. 取得

	第 1 位	第 2 位	第 3 位	第 4 位	第 5 位
インプレッション数	1,280 万	457 万	456 万	316 万	302 万
リツイート数	57,648	20,199	15,608	12,555	8,980
日付	4/4	4/7	4/5	4/17	4/3
tweet	 新型コロナクラスター対策専門家 押谷による『皆様に伝えたいメッセージ』です。 長文ですが、たくさんの方々に読んでいただけたらと思います。	 新型コロナクラスター対策専門家	 新型コロナクラスター対策専門家	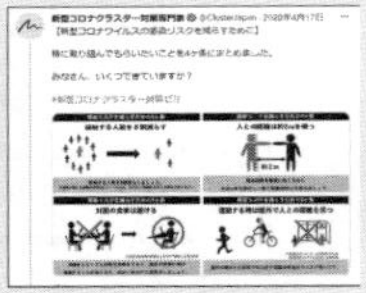 新型コロナクラスター対策専門家	 新型コロナクラスター対策専門家
コンテンツ	画像 4 枚	動画	画像 3 枚	画像 4 枚	動画
解説	熱い想いのテキスト画像。慎重にしないと，「ただ反応を得ようとしている」と思われ，ネガティブな反応が増加する。	あまり作り過ぎていないホワイトボードやディスプレイの前で，専門家が説明をするスタイルで，統一感を演出した。	熱い想いのテキスト画像。画像はできれば 1，2，4 枚で整理整頓された形が望ましい。	パワーポイントで作成し，Twitter のタイムラインで綺麗に表示されるサイズ。同じプレゼンテーションシートの延長線上にあるように統一感を出している。	偽アカウントでないことを知らせるために，メディアに露出していた専門家を急遽動画で撮影し，直接メッセージを発信。

撮影して投稿した。そのひとつが第5位のツイートである。第1位の1000万を超えた投稿は，東北大学押谷仁教授からの熱いメッセージの長文を掲載したものであった。熱いメッセージは拡散されやすいという広告代理店社員のアドバイスがあった。熱いメッセージの投稿における注意点は，それが誰のメッセージかである。当時，クラスター対策班の取り組みがテレビ番組の特集で何度か報道された影響を受けたと考えられる。

投稿されたツイートのテキスト本文における出現回数5回以上の単語を，テキスト分析ソフトを利用して分析した結果を図11-6に示す（古口ら，2022)。クラスター対策を中心に情報提供がされたことがわかる。

（4）サイエンスコミュニケーションとの関連

文部科学省はキッズページ（https://www.mext.go.jp/kids/find/kagaku/mext_0005.html）において「サイエンスコミュニケーションは，科学のおもしろさや科学技術をめぐる課題を人々へ伝え，ともに考え，意識を高めることを目指した活動です。研究成果を人々に紹介するだけでなく，その課題や研究が社会に及ぼす影響をいっしょに考えて理解を深めることが大切です。」としている。サイエンスコミュニケーションとリスクコミュニケーションのはっきりとした区別は難しい。

先述したTwitterアカウントで発信した情報は科学的な情報が多かった（古口ら，2022)。ワクチン政策はリスクコミュニケーションの領域と考えるが，どのようにワクチンや薬剤が開発され，承認までどのようなプロセスを経るのか，レギュラトリーサイエンス等はサイエンスコミュニケーションの要素が大きいのではないだろうか。これまで，ワクチンや薬剤開発に関する課題などについての情報発信は十分だったのだろうか。平時のコミュニケーションの注目は大きくなくとも，社会的混

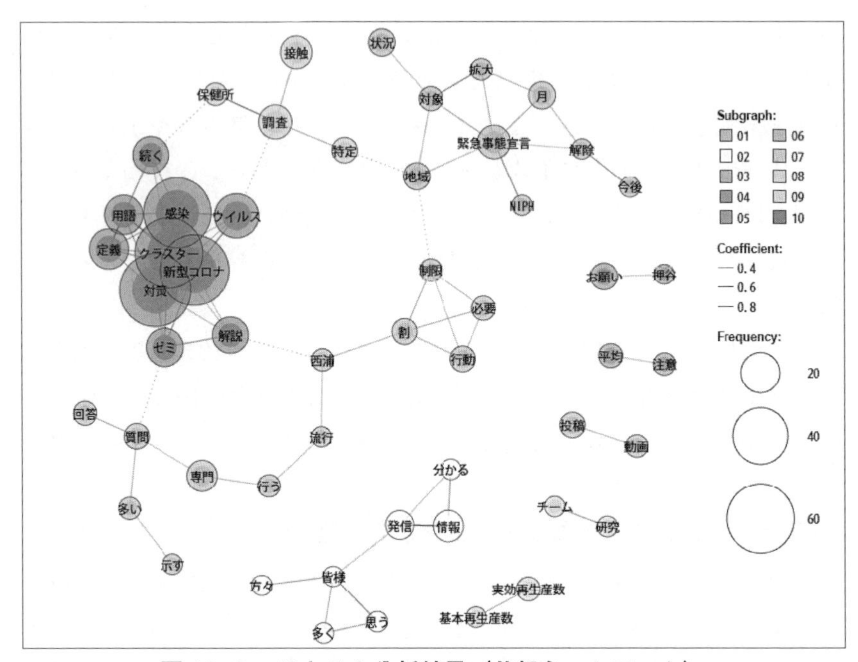

図 11-6　テキスト分析結果（共起ネットワーク）
「新型コロナ対策専門家 twitter アカウントにおけるツイートの特徴と情報発信内容」古口淩太郎　他　日本リスク学会　2022 vol.31 No.3　掲載

乱に対して，有効活用できる媒体が準備されていることになり，その回避や早期の鎮静につながる。

平時にできないことが緊急時にできるとは考え難い。

（5）最後に

SNS の普及により，特に医療関係者からの個人の情報発信が盛んである。感染症は日常診療の基本だからこそ発信しやすいのであろう。東京電力福島原子力発電所の事故による健康に関連する情報発信とは，

SNSの普及が今ほどなかったとはいえ，大きく異なる状況である。また，若手の医師を中心とした有志によるグループとしてのTwitterによる発信（https://twitter.com/covnavi）も見られる。しかし，リスクコミュニケーションは専門家の意見を受け入れさせることではないことは重ねて強調しておく。専門家間で意見の相違がみられることはこれまでも指摘されている。そのため，情報の受け手のリテラシーが重要となる。日本においてリテラシー教育はまだ十分とはいえない。

テレビや新聞を始めメディアを通じたリスク情報の提供では，情報が第三者により加工される。政府を始めとする行政機関，また学会や職能団体などの機関は，情報を加工されずに直接伝える手段を確保しておくことが重要である。これについてもSNSは威力を発揮する。それを用いて，日常から科学や研究（開発）関連情報を提供することも重要である。その運用の慣れが，緊急時に役に立つ。

記者会見が，YouTubeなどによって誰もがリアルタイムにまた何度でも，かつ一部でなく全てを見ることができるようになった。すなわち，会見を見た一個人がリアルタイムにSNSを使って思うままに発信することができるということである。マイクの先に全国民がいると想像するしかない。誰でもがスポークスパーソンとして適任というわけではない。メディアトレーニングを経験せずに対応することにリスクが存在する。

専門家において，研究成果などリスクではない情報をある特定のメディアに対して優先的に提供している場合がある。しかし，リスク情報に関しては，情報提供者は4つの義務（Stallenet et al., 1987）を負っている（表11-4）。すべての人々に情報がいきわたるためにあらゆる手段を利用しなければならない。すなわち，メディアを公平に扱わねばならない。

表 11-4　リスクコミュニケーションにおける４つの義務

実用的義務	危険に直面している人々が，その被害を避けることができるように情報を与えなければならない。
道徳的義務	人々が選択を行うことができるように，情報に対しての権利を持っていることを保障するもの。
心理的義務	人々は情報を求めていることを前提としたもの。
制度的義務	人々は，政府がリスクを効果的（リスク削減）かつ効率的な方法（費用対効果）で規制することを期待しており，この責任が政府によって適正に果たされているという情報が伝達される。

今後，新型コロナウイルス感染症のパンデミックにおけるリスクコミュニケーションが評価され，将来の感染症の，そして危機時のリスクコミュニケーションに役立つことを願う。

参考文献

柏木知子他（2009）住民に普及啓発すべき感染症　感染症診療に従事する臨床医を対象にしたデルファイ調査．感染症学雑誌，83 (1)，pp.12-18.

古口凌太郎他（2022）新型コロナ対策専門家 twitter アカウントにおける ツイートの特徴と情報発信内容．日本リスク学会，31 (3)，pp.219-229.

堀口逸子他（2008）住民への普及啓発が必要な感染症は何か　行政機関感染症対策担当者を対象とした質的調査．感染症学雑誌，82 (2)，pp.67-72.

堀口逸子他（2008）新型インフルエンザ大流行に備えた危機管理研修教材の開発とその有用性の検討 ゲーミング・シミュレーションを利用して．厚生の指標，55，pp.11-15.

堀口逸子他（2011）一般住民への普及啓発が必要な動物由来感染症は何か 獣医師を対象とした質的調査．日本衛生学雑誌，66，pp.741-745.

矢守克也他（2005）防災ゲームで学ぶリスク・コミュニケーション―クロスロードへの招待．ナカニシヤ出版

Bennett P et al. (1999) Understanding responses to risk - Some Basic findings. Risk communication and Public Health. Oxford University Pres.
Horiguchi I, et al (2022) A report on the operation of the Twitter account "Experts of the COVID-19 Cluster Taskforce" The Japanese. Society of Health Education and Promotion, 30 (1), pp.37-45.
Jackson AM et al. (2018) #CDCGrandRounds and #VitalSigns：A Twitter analysis. Ann Glob Health, 84, pp.710-716.
Stallen,P.J.& Coppock,R. (1987) About risk communication and risky communication. Risk Analysis, 1987；7：pp.413-414.
WHO (2020) Emergencies：Risk communication. https://www.who.int/newsroom/questions-and-answers/item/emergencies-risk-communication

12 気候変動とリスクコミュニケーション

八木絵香

《学習のポイント》 気候変動問題は，他の科学技術問題と比較しても，複雑かつ不確実性を伴う問題であり，時間的・空間的な広がりも大きい。そのため市民（特に日本国内において）が，その事象や問題を理解し，自らの生活文脈に照らし合わせた上で実感し，その見解を表明するプロセスの構築には大きな困難を伴う。

本章では，気候変動問題についてのリスクコミュニケーションに関して①気候変動問題のリスクや対処方法は，どのように人々に認識されているのか，②気候変動問題に関しては，どのようなリスクコミュニケーションが必要なのかという二つの点について，講義を進める。

《キーワード》 気候変動問題のリスク認知，専門家への信頼，市民の主体的関与の限界，オンデマンド情報提供の重要性

1. はじめに

気候変動問題に関するリスクコミュニケーション，すなわち市民が気候変動問題を認知し，その複雑性を理解し，対処するべき方向性や具体の方策を判断するための専門家や専門情報との相互作用は，重要な課題である。この広義の意味でのリスクコミュニケーションを通じた世界規模の政策決定は，この地球に生きる私たちが，新しい技術に投資し，または新しい消費形態に移行し，生活の有り様そのものを変更することを含むという意味で，大きなインパクトをもつものである。しかしそれらの認識は，本当の意味で市民の間にまで成熟しているとは言い切れない。

加えて，異なる関心と利害をもつ世界の国々が共同で拘束力をもつ政策を決定することの困難さは，過去のCOP[1)]交渉を通じても示されており，そのこと自体が，市民が気候変動の問題に主体的に係わることを妨げるひとつの要因になっているとも言える。気候変動リスクの問題は，他の科学技術問題と比較しても，複雑かつ不確実性を伴う問題であり，時間的・空間的な広がりも大きいため，市民（特に日本国民）がその事象や問題を実感する機会が極端に少ないことも，この傾向に拍車をかけている。

本章では，気候変動問題についてのリスクコミュニケーションに関して，①気候変動問題のリスクや対処方法は，どのように人々に認識されているのか，②気候変動問題に関しては，どのようなリスクコミュニケーションが必要なのかという二点について，講義を進める。

2. 気候変動問題のリスクは，どのように人々に認識されているのか

（1）気候変動問題の現在

気候変動問題については，1992年に採択された国連気候変動枠組条約に基づき，1995年よりCOP（国連気候変動枠組条約締約国会議）が開催され，温室効果ガス排出量削減の実現に向けての議論が継続されてきた。最近では，2015年にパリで開催されたCOP21において，2020年以降の温室効果ガス排出削減等のための新たな国際枠組みとして，パリ協定が採択され（2016年に発効）たことにより，さらなる温室効果ガス排出削減の動きが加速している。

国内においては，2020年に菅総理大臣（当時）が，「2050年までに，温室効果ガスの排出を全体としてゼロにする，すなわち2050年カーボンニュートラル，脱炭素社会の実現を目指す」ことを宣言し，温室効果

ガスの排出を21世紀後半に実質ゼロにするという国際目標にむけて，脱炭素社会の転換へ舵をきった。

しかしながら諸外国と比較して日本国内では，脱炭素社会への転換に伴う社会生活の変化に抵抗する傾向が確認されている。ここでは，国内で行われたいくつかの気候変動問題をめぐる無作為抽出型の市民パネル（ミニ・パブリックス）の事例を題材として，気候変動問題のリスクや対処方法は，どのように人々に認識されているのかについての解説を行う。

（2）気候変動問題をめぐる World Wide Views という取り組み[2)]

気候変動問題をめぐる国際交渉の場（COP）に，政治家や政策担当者，NPO や NGO 等のステイクホルダーではない，市井の人々の声を届けることを目的として設計された World Wide Views（WWViews）という取り組みがある。最初の WWViews は2009年に開催され，パートナーとなる世界各国の主催団体が各100人の市民を集め，「共通の情報」に基づいて，「共通のプログラム」で議論し，「共通の設問」に回答する形式で，世界市民の声を COP15の場に直接インプットした[3)]。気候変動問題に関する WWViews は，2009年と2015年[4)]の2回開催されているが，その結果からは，日本の参加者は次のような特徴をもつことが示唆されている（日本科学未来館：2019）。

①気候変動の実感の乏しさや，科学的に未解明な部分があることを理由に，気候変動の影響についての危機意識が低いこと

②世界各国の参加者は，気候変動対策により「生活の質が高まる」と認識しているのに対し，日本の参加者の多くは，「不便」「我慢」「経済的負担」という表現で，気候変動対策の実施が生活の水準を下げ，国民個々人に経済負担を強いるものであると考えていること

③今世紀末に温室効果ガスの排出量をゼロにするという長期目標，および2030年までの短期目標は拘束力をもつべきであるとする世界の潮流に対して，日本の参加者は消極的な姿勢を見せていること

（3）脱炭素社会への転換にむけた市民パネルの取り組み[5)]

この傾向をより深く分析するために2020年には「脱炭素社会への転換と生活の質に関する市民パネル[6)]」が実施された。この市民パネルでは，社会全体の縮図となるよう年代・性別等のバランスを考慮して選ばれた18人の市民が，専門家による情報提供を受け，主体的かつ丁寧な議論を行った上で，脱炭素社会の実現可能性や，その具体的な方策についての意見を取りまとめている。

市民パネルの結論では，気候変動問題は「放置すれば地球規模で生態系を破壊」し，結果として「人類，特に将来世代の生存権さえ侵害しかねない」大問題であることが明示されている。加えて社会的弱者が深刻な被害を受ける可能性についても言及がなされ，「原因への責任が小さい人が深刻な被害を受けるという不公平な構造がある」ことも指摘されている。その上で，パリ協定で示された脱炭素社会への転換は「やらなければならない」という認識が示され，「そのハードルはとても高い」が「取り組み方次第では，パリ協定の排出目標は達成できる可能性がある」という方向で意見が一致している。

また過去2回のWWViewsとは異なり，結論では「私たちにとって最も大切なのは，私たちが安心・安全に暮らせる地球，環境や，自然を守ること」であり，「そうすることが私たちの生活の質の向上につながる」という主張が明快に述べられている。生活の質を「高めるvs脅かす」という対立軸でとらえるのではなく，安全・安心に暮らせる環境の保全（＝気候変動問題への対策を推進する社会）こそが，生活の質向上

の基盤にあることが明示され，パリ協定後の脱炭素化に向けた国内外の動きに応じ，新しい変化に順応していく様子を垣間見ることもできる。

その理由としては，いくつかのものをあげることができるが，2010年代の社会のさまざまな動きの中で，安全・安心に暮らせる環境の保全こそが，生活の質を支える基盤であるという認識が，社会の中で共有されるような土壌が整ってきたことが，少なからず影響を与えたと言えよう。加えて気候変動の影響は深刻であり，脱炭素社会への転換は，将来世代や途上国のことを考えると不可避であるとの認識が共有されたことも影響したと考えられる。

一方で，参加者アンケートでは，21世紀後半の実質排出ゼロ目標の実現可能性は「乏しい」とする回答が44%，「中間（可能性があるとも乏しいとも言えない）」とする回答が38%あり，前述の「達成できる可能性はある」という結論の表現は，積極的な主張というよりは，可能性は否定しないという留保であると読み解くことが妥当であろう。また，脱炭素社会への転換が生活の質にどのような影響を与えるのかという質問に対しては，「日常生活の不自由さ・不便さ」「家計への圧迫，経済的な負担の増加」「経済成長への制約，経済活動の停滞・混乱」についての言及もなされており，その実現可能性については懐疑的な状況が見え隠れしている。

（4）気候変動問題に係わるリスクコミュニケーションが抱える課題

脱炭素社会への移行を必要とする声と，それによる自らの生活への影響を不安視する声，この緊張感の中で一般社会の気候変動問題についての認識は振り子のように揺れ動いている。また，もう一つ留意しなければならないことは，非常に複雑な情報を読み解かなければならない気候変動問題にまつわる課題について，本当に市民が「十分に」理解した上で判断することが可能なのかということである。

江守（2010）は，気候変動問題に係わる科学的専門家の立場から，具体的な課題を指摘している。江守は2009年のWWViewsの取組を例に，熟議を通じて形成された市民の見解が，国内外問わず，厳しい気候変動対策目標を目指すことでほぼ一致した点に着目し，科学的情報を十分に理解した上での見解ではないのではないか，という指摘を行っている。もっとも象徴的に現れている齟齬は，物理的に可能と考えられる温室効果ガスの削減量と，参加者が「維持するべき気温」として掲げる数値との不整合である。厳しい政策目標で一致することは，言い換えるなら，自らへの影響をいったん脇において，理想的な方向性を総論として選択しているという可能性を含む。

そこで表明された見解は，自らの金銭的負担をどの程度視野に入れたものなのか。自らの負担も許容しての回答なのか。また厳しめの目標値を選択しない人は，将来世代が被る可能性がある悪影響をどのように見積り，それに対してどの程度責任をとるのか。自分の住む地域には悪影響がなくとも，その他の深刻な悪影響を受ける地域にどの程度の配慮を行っているのか。江守の指摘は言い換えるならば，気候変動問題のように，不確実性が高く専門知識を必要とする科学技術の問題について，市民がさまざまな情報を「十分に」理解し，熟議を重ね，その意思を表明するためには，どのような方法が適切なのかという問いとも言える。

3.「十分に」理解するための方法とはなにか

（1）気候変動問題に関する相互作用プロセスと市民参加の類型

「十分に」理解し考えることを前提とすることは，その定義や測定方法に関する議論もさることながら，そのプロセスの実装可能性という観点からも課題が残る。もっとも理想的な方法は，個々人の知識レベルや関心の程度に応じてオンデマンド的にプロセスを重ねることであるが(木下；2016)，当然のことながらその手法にも経済的・時間的制約という限界がある。つまり「十分に」を担保するための丁寧なプロセスと，その実現可能性は，ある種のトレードオフの関係にあるのである。

個別の社会課題について，市民参加の取り組みを行う場合，その方法論は大きく分類すれば，①情報提供を行い，質問紙調査等を通じて市民の意見を把握する方法，② WWviwes やコンセンサス会議，討論型世論調査のように，限定的ではあっても，異なる意見や専門性をもつ者同士の熟議のプロセスを確保した上で市民が意見を表明する方法，③小規模で，オンデマンド性を担保した上で多様なアクターがコミュニケーションを行い，意見を表明する方法に分類することができる。規模や具体的な実施方法によりそのコストは異なるので，一概に比較することはできないが，対象人数比でいえば，①<②<③の順で，プロセスが丁寧な分だけ，コスト高であると言えよう。

(2) どのような情報が共有されるべきなのか

ただし①～③のいずれの手法を用いた場合でも前提として議論しなければならないことは，市民が見解を表明する前に，どのような情報が共有（理解）されるべきかということである。市民が「十分に」気候変動問題に関する前提条件や科学的知識を理解したというのは，どのような状況なのであろうか。本章ではこの点について，前述の③の方法で，気候変動問題について極端に強い関心や専門的知識をもたない市民を対象に実施した調査研究結果[7]を中心に，解説を加えていく。

当然のことながらもっとも重要なことは，基本的な科学的情報が専門家と市民の間で共有されることである。その際に丁寧なコミュニケーションを通じて，専門家と市民の間で共有されるべき基本的情報は大きくわけて，①地球レベルで気温の上昇が生じているという事実（観測された世界平均気温の上昇傾向，過去1000年の気温変動状況のシミュレーション結果，海面水位の変動等），②その温度上昇が人間活動に由来すると推測される理由（温室効果ガス濃度と世界平均気温の関係，氷期の周期などとの関係），③目標数値が達成できない場合，何がおこる可能性があるのかという想定，④目標を達成する排出削減方法の選択肢とその負担のあり方の4つに分類することができる。

（3）リスクコミュニケーションにおいて基盤となる作法

加えて重要なことは，気候変動問題に関する専門家自らが，⑤対策した場合／対策しない場合の長所と短所についても，積極的に言及することである。

市民は，気候変動対策推進論・気候変動懐疑論のどちらかに偏った情報を，独立したルートで取得する場合が少なくなく，その両方をバランス良く入手した上で，自らの意見を吟味する機会をそれほどもたない。また，気候変動問題に係わる専門家＝気候変動対策推進論者とのフレームでとらえる傾向があるため，専門家自らが科学的な不確実性を誠実に示したり，両論併記型で情報を提示すること（科学者の側からも対策をしない場合のメリットを提示すること）は，情報発信者である科学者への信頼向上につながる。

また，科学的知識が生成されるプロセスが共有されることも，科学者への信頼向上につながる効果も示唆されている。例えば，IPCCレポートの作成にどのような専門家が何人ぐらい関与していて，どのくらいの時間を費やしているものなのか。どのようなものをデータと呼び，どの範囲までを検討の対象としているのか。実測値が残っていないほど過去の気温はどのように推定されているのか。

このように市民が素朴に感じる疑問，科学的知識の生成のプロセスやその精緻度について感じる疑問に応答してもらう機会は，それほど多くはない。このような素朴な疑問に応答できることは，オンデマンド型のコミュニケーションがその特徴を効果的に発揮できるものであると言えよう。市民は，専門的な情報を丁寧に，かつ市民が理解できるように説明されるのみならず，結果を導き出されたプロセスに関するコミュニケーションを求めているのである。

それに加えて，専門家との密なコミュニケーションを通じて，リアリティをもって気候変動問題の影響について考えることにより，市民がより具体的に気候変動問題に関心をもち，専門家との間で，また意見や関心の異なる市民同士で，熟議を行うことを促進することにつながる結果が得られている。

4. 気候変動問題は，どのように理解されているのか

(1) 気候変動問題は，市民にどのように理解されているのか

熟議のプロセス以前に，市民から提示される気候変動問題の認識は，①気候変動事象が存在するのかという問題所在に関する論点（認識レベルの理解），②不確実性を伴う気候変動問題についての対策の方向性に関する議論（対策の必要性への理解），③金銭的，人的，時間的コストが限られている中で，気候変動問題の優先順位と配分するコストに関する議論（自らの負担と対策の優先度への理解）の３つに分類することができる。

①認識レベルの理解

気候変動の危機の認識が社会において主流となりつつある現在，その問題の認知度は極めて高い。令和二年度の世論調査（内閣府，2020）に

よれば，農作物の品質低下，野生生物の生息域の変化，大雨の頻発化に伴う水害リスクの増加，熱中症搬送者の増加といった形で，気候変動が私たちの暮らしの様々なところに影響を与えていることの認知度は，9割を超える。

また，2000年代と比較してあからさまな温暖化懐疑論を目にする機会は，少なくとも国内においては減少しており，その問題の所在と解決策の必要性の認識は高まっているといえよう。一方で，特に米国での議論に影響を受ける形での温暖化懐疑論がなくなったわけでもない。その典型的な意見表明のパターンのひとつは，気候変動問題をクローズアップすることによって利得を得る人々が「気候変動が生じているように強調しているのではないか」という懐疑論である。

また，別のパターンの懐疑論は，国内生活の中では温暖化事象を実感できない，もしくは典型的な例として取り上げられる事例（ツバル諸島の事例や干ばつ，海氷域の減少等）は身近に感じられず気候変動の認識が体感レベルの課題にまでは至らないとするものであった。しかしこの種の懐疑論については，「夏の暑さ」「雨の降り方の激しさ」「桜の開花時期など身近な植物の変化」「冬の寒さや雪の降り方」などを例にとり，何らかの身近な変化を感じる国民が約35%をしめる（内閣府，2020）ようになるなど，身近な環境の変化から，気候変動問題について認識する割合も増加しつつある。

②対策の必要性への理解

気候変動の傾向に疑念を感じない場合，多くの市民は総論として気候変動対策の必要性に賛同する[8)]。一方で，気候変動が生じており，それが人間活動に由来する可能性が高いことを認めた場合でも，気候変動対策に重点をおく必要はないという主張も存在する。その理由にはいくつかのものがある。

代表的な理由のひとつは，「1～2度の温度上昇であれば人類は適応できる」という全球平均気温上昇の影響に関する知識不足に起因するものである。またその他にも技術楽観論（将来的に画期的な技術が開発されることにより問題が解消されるという願望）や，自然選択説に基づき，人類も含めた生物はある程度大きな流れの中で淘汰される宿命にあり，もし気候変動によって人類がリスクを負うとしても，人類全体として許容されるべきであるという主張である。

また気候変動による影響の重大性を認識し，かつ気候変動対策の必要性を感じる場合であっても，その対策が「気候変動問題」というキーワードのもとに包括的に説明されることへの違和感・否定感の存在も示唆されている。具体的には，省エネ家電や建物，電気自動車の普及，食の流通経路の改善（フードロスの軽減）などの取組は，個別の対策では市民にとって共感が高い（負担を受け入れる）選択肢であるが，それが気候変動問題への対策と表現されることは許容されないケースがある。これは，ことさらに気候変動問題を強調した形での対策実施は，逆にその対策の適切性への不信感，すなわちある種の利益の誘導のための対策である可能性をうかがわせるということを示しており，ここでも情報発信側の「信頼」の問題があらためて浮き彫りとなっている。

③自らの負担と対策の優先度への理解

ただし，総論で気候変動対策に対して肯定的な評価をする人も，具体的な負担や優先度という観点でその対策について論じる場面では，その判断を留保する傾向が強い。留保のパターンは大まかには次の二つに分類される。まず第一には，諸外国（特に新興国）との関係性をめぐって，日本がどの程度前のめりにこの問題に向き合うべきかという観点から，積極的に対策をとる姿勢を留保せざるを得ないというものである。第二は，日常的に接点がある社会的課題，具体的には社会保障の問題や子育て問題，介護問題などと比較して，「自らにとって」気候変動問題への対応は，優先度が高いとは言えないとする見解である。これは，後述のとおり気候変動問題に係わるリスクコミュニケーションへの関与について市民が後ろ向きとなる姿勢とも連動している。

つまり，市民は，①気候変動問題を実感として感じてはいるものの，場合によってはこの事象の存在を懐疑的に受け止めており，②さらにその対策について総論では賛成するものの，③負担のあり方については消極的であるという傾向が確認されている。これは過去に実施されたミニ・パブリックスの議論結果と概ね一致している。

（2）コミュニケーションを通じて見解はどのように変容するのか

では，オンデマンド型のコミュニケーションプロセスを経ることにより，それらの認識はどのように変化するのだろうか。

結論から言えば最終的には，気候変動事象やその対策の是非に対する意見の違いの全てを解消することまではできない。しかし，丁寧なコミュニケーションプロセスを通じて，気候変動の課題は，対策をとらなかった場合の将来影響が深刻であることを，市民が専門家と共有することは可能となる。

またあるタイミングを超えると影響が加速度的に顕在化する（ティッピングポイントを超えると後戻りがきかない）可能性があることなど，気候変動問題を判断する際に重要な事実認識を共有することも可能となる。その上で市民の認識は，社会全体の諸課題の状況とコストとのバランスを勘案した上で，社会構造やライフスタイルの変革という大きな負担まで視野に入れて，相応の負担をすることが望ましいという形に概ね収斂していく。またそのプロセスにおいては，将来世代や他国の状況も勘案した上での倫理問題に言及されるケースも少なくなく，江守（2010）が指摘した「十分」に理解した上で，自らの見解を練り上げるプロセスを限定的な状況ではあるがつくり出すことは可能である。

一方でそのような理解をした上でも，市民は専門家と比較して，気候変動問題対応の総論には賛成しつつも，他の社会問題と比較してその対策の優先度は低いという見解で概ね一致する。この背景には，どのように議論を重ねても，生活実感をもってこの問題の空間的・時間的な広がりを認識することが困難であるという気候変動問題の特徴が大きく影響している。

加えて注目すべきは，自分のできること（節電など）には関心を示すが，抜本的かつインパクトの強い対策については，判断を留保する（もしくは専門家集団に任せたいとする）姿勢である。市民は社会保障の問題や，保育園の入園問題，子供の教育問題など，喫緊にあり，かつ問題の具体像や解決すべき方向性が見えやすい問題については，主体的にその問題解決やコミュニケーションに係わりたいとする方向が強い。その一方で，気候変動問題のように，その問題の所在の認識，重要性の判断，具体的対処方法の選択といういずれのレベルにおいてもその判断が困難となる場合には，包括的にその全てに係わるリスクコミュニケーションではなく，限定的に係わりたいと考える傾向があるのである。

このような状況において，専門家の側に属する人々が，市民の理解不足や倫理観に，気候変動問題への優先度判断が低いことの原因を求めることには，一定の留保が必要である。ここには気候変動問題のみならず，リスクコミュニケーションにおいて専門家に対して振り向けられる疑念，すなわち専門家とよばれる人々は市民と比較して，自分の専門分野の重要性に価値を高くおく人々（利害関係者）であることが影響を与える。調査結果からは，市民は，気候変動問題の専門家は気候変動対策が重要だと考えているからこそ，その問題に取り組むのであり，「気候変動問題は他の問題より優先する必要はない」と自分で認めることは，自らの研究領域を否定することにもつながりかねない。その意味で，専門家は中立的に情報を提供する人というよりは，利害関係者の一部であると見なされている可能性があるのである。前述の温暖化懐疑論についての認識の背景には，この専門家＝利害関係者という認識も影響を与えていると推測できる。

（3）気候変動問題について市民が「こだわる」論点

また，コミュニケーションを通じた理解が深まった上でも，市民がこだわる，禁忌するポイントをいくつか指摘することができる。将来世代や影響を強く受ける他国に対する過剰な負荷，特に取り返しのつかない影響は強く避けられるべきであるという見解はその代表例である。特に気候や天気や海などの地球システムを人為的に操作しようとする気候工学については，人類の活動の結果としての気候変動に対して，さらに人為的な行為で対策を行うことに対する禁忌を含めその運用には慎重であるべきであるという見解が強調される。

また加えていうならば，積極的に気候変動問題への関与を示さない市民も，「気温の上昇を抑えるために，どのような長期目標を立てるべきだと思いますか」という問いに答えるためには，「社会の将来像のあるべき姿」についての議論が必要であり，それこそが市民こそが多様な他者とのコミュニケーションを通じてビジョンを示していくべき問いであるとする傾向も確認されている。不確実性の高い科学技術をめぐる論争は，狭義の安全論争やリスクコミュニケーションではなく，私たちの社会の有り様を根本から問い直すところへと収斂していかざるを得ないの

表 12-1　コミュニケーションの様式（モード）

様式（モード）	概要	相互作用性
ケア・コミュニケーション	危険性とその管理方法が，聞き手のほとんどから受け容れられている科学的研究によって，既によく定められているリスクに関するもの。	トップダウン的・一方向的 知識・情報の提供
コンセンサス・コミュニケーション	リスク管理の仕方に関する意思決定に向けて共に働くように，集団に知識を提供し鼓舞するためのもの。	相互作用的 対話・共考・協働
クライシス・コミュニケーション	極度で突発的な危険に直面した際のもの。緊急事態が発生している最中またはその後に行われる。	トップダウン的・一方向的 知識・情報の提供

である。

5. 終わりにかえて

そのような結論から，Lungren & Mucmakin（2013）の分類に照らし合わせてあらためて，気候変動問題に関するリスクコミュニケーションを再検討する（表 12-1）。

本章の冒頭で紹介したミニ・パブリックスの試みは，②コンセンサス・コミュニケーション（ステークホルダー参加の一部であり，紛争解決やそのための交渉といった，リスクコミュニケーションの範囲を超えたコミュニケーションも含む）の枠組みの中に，市民を取り込もうとする取組であると整理することができる。近年，気候変動問題をめぐるリスクコミュニケーションの取組は，COP での交渉が重要な局面を迎えてきたこともあり，このコンセンサス・コミュニケーションを中心的に扱い，かつその重要なステイクホルダーのひとつとして市民を位置づけてきた。

しかし本章で示した調査結果からは，あらためて②については専門家レベルで一定の方向性を示した上で，①ケア・コミュニケーションレベルでの取組が重要ではないかという指摘をすることができる。つまり現状においても，気候変動問題の重要性やその対策方法は，市民にかならずしも十分に理解・受容されているわけではない。そのため，対話的・共考的・協働的なコミュニケーション（コンセンサス・コミュニケーション）に加えて，その行動変容を促すための知識・情報の提供（ケア・コミュニケーション）が，現時点においても重要であると考えられる。

もっとも前述のとおり，これは，科学者の側に今後の進むべき方向性を全権委任したということではない。専門家（科学者や政策担当者）と市民の間でのコンセンサス・コミュニケーションではなくむしろ，専門家間（自然科学者と，人文社会系研究者）での気候変動問題をめぐる倫理についての熟議が必要であるという結論であり，そこでの真摯な討議をより社会にむけて開いていくことこそが，その先のリスクコミュニケーションの活性化につながると考えられる。

〉〉注

注１）国連気候変動枠組条約締約国会議（COP；Conference of the Parties - Framework Convention on Climate Change）

注２）ここでの記述は，放送大学大学院教材『リスク社会における市民参加』の13章に詳しいのでそちらを参照のこと。

注３）WWViews 2009（日本開催）の結果については次を参照のこと。
http://wwv-japan.net

注４）気候変動問題以外を含む，世界で展開されたWWViewsの結果については，次を参照のこと。
http://wwviews.org

注５）ここでの記述は，放送大学大学院教材『リスク社会における市民参加』の14章に詳しいのでそちらを参照のこと。

注６）https://citizensassembly.jp

注７）本章で参照した調査結果は，環境省環境研究総合推進費 戦略的研究開発プロジェクト S-10「地球規模の気候変動リスク管理戦略の構築に関する総合的研究（５）気候変動リスク管理における科学的合理性と社会的合理性の相互作用に関する研究」によるものである。この調査では，いくつかのパターンの気候変動問題に係わるリスクコミュニケーションの手法の実効性を検討すると同時に，それらのリスクコミュニケーションにより市民のリスク認知がどのように変容するかについて検討している。

本章で紹介した調査結果は，オンデマンド方式で，一人一人の職業や関心等に応じて専門家との丁寧な応答を行う方式であった。そのため，専門家-市民双方が双方に「同じ前提状況を共有した」という認識にたつことが，一定程度可能となった。

http://www.nies.go.jp/ica-rus/index.html

注８）内閣府の令和２年度気候変動に関する世論調査でも，「脱炭素社会」の実現に向け，一人一人が二酸化炭素などの排出を減らす取組について，どのように考えるかという質問に対しては，「取り組みたい」とする者の割合が 91.9％（「積極的に取り組みたい」24.8％＋「ある程度取り組みたい」67.1％）と高い割合を示している。

参考文献

江守正多（2010）温暖化リスクの専門家の視点から見た WWViews へのコメント，科学技術コミュニケーション，７，pp.49-54.

木下富雄（2016）第二章情報の提供の仕方，リスク・コミュニケーションの思想と技術，ナカニシヤ出版

脱炭素社会への転換と生活の質に関する市民パネル実行委員会（2019）「脱炭素社会への転換と生活の質に関する市民パネル報告書」

https://eprints.lib.hokudai.ac.jp/dspace/handle/2115/73624

内閣府（2020）気候変動に関する世論調査

日本科学未来館（2019）日本科学未来館・展示活動報告書 vol.11「世界市民会議『気候変動とエネルギー』ミニ・パブリックスのつくる市民の声」

八木絵香（2010）グローバルな市民参加型テクノロジーアセスメントの可能性：地球温暖化に関する世界市民会議（World Wide Views）を事例として，科学技術

コミュニケーション，7，pp.3-17.
八木絵香（2021）小特集　変化への抵抗，気候変動問題をめぐる変化への抵抗―ミニ・パブリックスを通じた検討，心理学ワールド，92，pp.27-28.
Select Committee on Science and Technology Third Report
http://www.publications.parliament.uk/pa/ld199900/ldselect/ldsctech/38/3801.htm
Lundgren, Regina E. and McMakin, Andrea H.（2013）Risk Communication：A Handbook for Communicating Environmental, Safety, and Health Risk, 5th edition, Wiley.

13 デジタル化に伴うELSIとリスクコミュニケーション

岸本充生

《学習のポイント》 デジタル化の進展とともに，パーソナルデータが収集され，それらが人工知能（AI）によって解析され結果が様々な場面で活用されるようになると，従来とは異なるリスクが顕在化したり，予想されたりするようになってきた。このような課題群は，倫理的・法的・社会的課題（ELSI）と呼ばれ，30年以上前から医学・生命科学分野で取り組まれてきたが，近年あらゆる新規科学技術に適用されるようになってきた。ELSIへのリスクの評価手法はプライバシー影響評価と呼ばれ，欧米では公的機関によるプロジェクトなどが社会実装される前に実施・公表されてきたが，日本ではまだ実践事例は少ない。リスクに基づくアプローチは緒に就いたばかりで，それらのリスクのコミュニケーションに関するノウハウはまだ少ない。
《キーワード》 プライバシー，ELSI，パーソナルデータ，プライバシー影響評価，人種影響評価，アルゴリズム影響評価

---

1. はじめに

デジタル化の進展とともに，パーソナルデータ（ここでは個人に関する情報として広義の意味で用いる[1)]）の利活用やそれらの人工知能（AI）技術による解析・利用が進展する中で，考慮すべき「リスク」の範囲も広がってきた。具体的には，プライバシーが侵害されるリスクや差別的扱いを受けるリスク，さらには，情報が操作されることによって民主主義の基盤が崩されるリスクなども懸念される事態となっている。このような課題群は，デジタル技術に限らず，一般的に新興技術（エ

マージング・テクノロジー）が社会に導入される際にも生じることが知られており，倫理的・法的・社会的課題（ELSI）とも呼ばれる。ELSIという用語は後述するように以前から医学・生命科学分野で使われてきたが，近年，デジタル技術を含む様々な新しい技術に対しても使われるようになってきた。ELSIのスコープは，安全性やセキュリティを含めて広く捉える場合と，技術的な側面を除いた，人文・社会科学的側面を中心に捉える場合もある。リスクとして検討すべきスコープが拡大することに伴い，リスクコミュニケーションの対象も当然，環境・健康・安全の側面にとどまらず，人権への影響等を含む，定量的な評価になじまない分野をも扱う必要が生じてくる。しかし，ELSIに関するリスクについてはその評価手法も定まっておらず，コミュニケーションについての研究や実践はまだ緒に就いたばかりである。

本章では，新しい技術，特にAIを含むデジタル技術の社会実装に伴うリスクに焦点を当て，そういった新しいタイプのリスクを取り上げ，リスクマネジメントの方法について解説したうえで，最後にコミュニケーションのあり方についても検討する。最初に，ELSIという切り口を，歴史的背景とともに紹介する。次に，ビッグデータの利活用やAIの実装において，リスク評価が求められるようになった経緯について解説する。そのうえで，プライバシー影響評価（PIA）と一般的に呼ばれてきた定性的なリスク評価・管理の方法を紹介する。最後に，こうした新しいタイプのリスクのリスクコミュニケーションのあり方について考察する。

2. ELSIという考え方

（1）ELSIとは何か

ELSIとは，倫理的・法的・社会的課題（Ethical, Legal and Social

Issues）の頭文字をとったもので，エルシーと読まれる。ELSI という言葉が最初に使われたのは，米国で 1990 年にスタートしたヒトゲノムを解読する国家プロジェクトの中に「ELSI 研究プログラム」が誕生した際である。当時，I は Issues ではなく，Implications すなわち影響/含意を意味していた。国立衛生研究所（NIH）などが大学等の外部研究機関向けに提供する研究予算の３％（のちに法律で「少なくとも５％」と規定された）が ELSI に関する研究に割り当てられることになり，その後，いくつかの大学に ELSI を扱う研究拠点が設置された（岸本，2021）。こうしたアプローチはその後，ナノテクノロジーや脳科学といった国家プロジェクトにも適用された。欧州では同様の研究は ELSA（A は aspects の頭文字，すなわち側面）と呼ばれ，この概念は 2010 年代半ばに，研究公正も含めた「責任ある研究＆イノベーション（Responsible Research and Innovation：RRI）」と呼ばれるより広い概念に発展した。日本では，医学・生命科学分野では ELSI は定着し，また，科学技術基本計画においても「倫理的・法的（法制度的）・社会的課題」が常に取り上げられてきたものの，独立の研究分野としてはみなされてこなかった。近年ようやく，１つの研究分野として研究予算が付けられるようになった。2021 年３月末に閣議決定された第六期科学技術・イノベーション基本計画にも，「新たな技術を社会で活用するにあたり生じる ELSI に対応するためには，俯瞰的な視野で物事を捉える必要があり，自然科学のみならず，人文・社会科学も含めた「総合知」を活用できる仕組みの構築が求められている」と書かれている。

（２）ELSI に対応するために

ELSI という考え方が出てきた背景には，新しい技術を社会に実装するにあたって様々な事件・事故，さらには「炎上」と呼ばれる事態が多数発生したことが挙げられる。安全性やセキュリティの問題だけでなく，プライバシーや個人情報の保護，差別や公平性の問題，社会受容性の問題など多岐にわたる。これは，技術的に優れたものを作りさえすれば社会実装されるという素朴な考え方が通用しないこと，すなわち技術と社会の間には大きなギャップが存在することを示している。特に近年のデータビジネスやAI技術の適用では，技術シーズあるいは企画段階から社会実装までにかかる時間がますます短くなり，こうした様々な課題が顕在化しやすくなっている。

ELSIという言葉には，倫理（E）・法（L）・社会（S）の３要素が含まれているにもかかわらず，一括りで語られることが多く，ＥとＳとＬを分けて検討されることはこれまでほとんどなかった。図13-１のように三者を区別してみると新たな視点が得られる。社会（S）は，世論やSNSに見られるように，不安定であり，変わりやすい。これに対して倫理（E）は，人々が依って立つべき規範であり，短期的には変化しにくい。しかし，中長期的には変化しうる。そして理想的には，法（L）

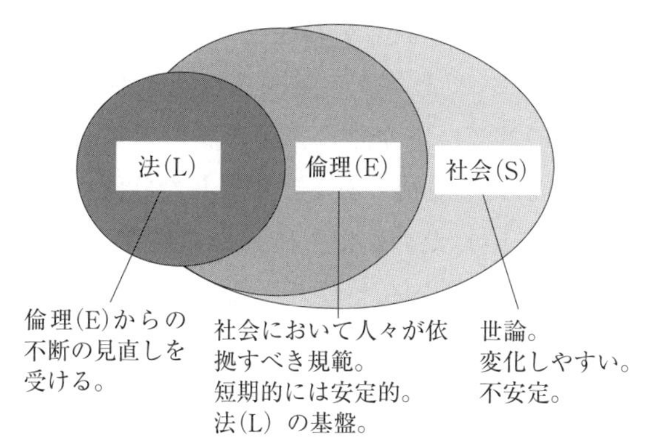

図13-１　倫理（E）・法（L）・社会（S）の関係性（著者作成）

の基盤となるべきものである。例えば，死刑制度や同性婚などのように最終的には法律の変更を伴うような問題もその背景には何らかの倫理規範があり，そして人々がどれくらい受容しているかという問題が存在している。新しい技術が社会に導入されると，倫理（E）・法（L）・社会(S)，それぞれにおいて既存のものが合わない事態が起こりがちである。

企業活動においては，コンプライアンスが「法令遵守」と訳されるように，法（L）が最も重視されてきた。社会（S）はもっぱらマーケティングや広報の範疇であった。倫理（E）は，企業の社会的責任（CSR）という形で以前から取り組まれていたものの，必ずしも企業活動において優先順位の高いものではなかった。しかし，新しい技術の社会実装という文脈において，近年，倫理（E）・法（L）・社会（S）の関係に複雑さが増している。例えば，法（L）を遵守していても，社会から受け入れられない，あるいは「炎上」するという事態がしばしば観察されるようになった。社会への説明が足りなかったり，手続きが透明でなかったり，利益相反や差別的扱いが見られたりといった理由が挙げられることが多い。もう１つは，現行の法（L）では違法になったり，そもそも対応していなかったりするが，新しい技術やサービスが社会（S）に求められているようなケースである。一見両者は正反対に見えるが，ともに，法（L）の更新のスピードが常に技術革新のスピードに後れをとるという避けられない事実の帰結である。こうした状況の中で科学技術イノベーションを進めていくためには，確固たる倫理（E）がなければ状況判断が難しい場面が多くなると考えられる。そのうえで，現行の法(L）を変えるよう積極的にロビイングを行ったり，事業者団体がリードして自発的にガイドラインを作成したり，社会の受容性を高めるような活動を行ったりといった取り組みが求められる。

3. 情報技術のELSIリスク

（1）リスクの発見

米国で1990年に開始されたELSI研究プログラムは，ヒトゲノムが解読された際に社会にどのような影響が起きそうかをあらかじめ検討し，それらの課題に備えることを目的としており，その成果の1つとして遺伝子情報差別禁止法が挙げられる。このように，新しい技術が社会実装された際に生じうるELSIを予想し，現行の法（L），倫理（E），社会（S）とのギャップを埋めるための策を事前に検討することが求められる。そのための手法としては，ホライゾン・スキャニングやテクノロジー・アセスメントが知られている（松尾，岸本，2017）。ホライゾン・スキャニングは，広義では将来を展望する活動全般を指すが，特に新規科学技術を含む将来に大きな影響をもたらす可能性のある変化の兆候を早期に掴むことを目的とした活動である。政府主導でのホライゾン・スキャニングも英国，オランダ，カナダ，シンガポール等で実施されている。ホライゾン・スキャニングは，科学技術を対象とする場合はそれらの萌芽段階で実施されるのに対して，テクノロジー・アセスメントは特定の技術の社会実装が現実的になった時点で実施されることが多い。テクノロジー・アセスメントは，科学技術の研究開発から社会実装に至る過程で生じ得る正や負の様々な影響をあらかじめ予測し，課題を早期に発見し，法規制を含む対応策の検討を支援する活動である。方法は，専門家による分析を中心とする伝統的なものから，一般市民を含む多様なステークホルダーの参加により多様な視点や社会的要素を取り込む参加型のものまで幅広い。後者はコンセンサス会議，シナリオワークショップ，市民陪審などと呼ばれることもある。

(２) 個人情報の利用とプライバシーの保護

デジタル化・オンライン化に伴い，個人に関するデータ，すなわちパーソナルデータが大量に生み出されることになり，同時にコンピューターの性能が向上したことで非常に大きなデータセット，すなわちビッグデータを作成，管理，分析できるようになった。これらのデータは人工知能（AI）によって解析され，様々な相関関係やパターンを認識できるようになる。図 13-２は，AI を使ったデータ利活用において ELSI が生じそうな箇所を表したものである。

日本の個人情報保護法では，病歴などを含む要配慮個人情報の取得には本人同意（オプトイン）が必須であるが，一般的な個人情報の取得の場合には必ずしも個別同意は必要なく，その利用目的の通知や公表で足りるとされている。しかし，何をもって十分な「通知や公表」となるかは自明でなく，ステークホルダーとの協議や適切な広報などを欠いていると，批判を受けたり，「炎上」したりする可能性は常に警戒する必要

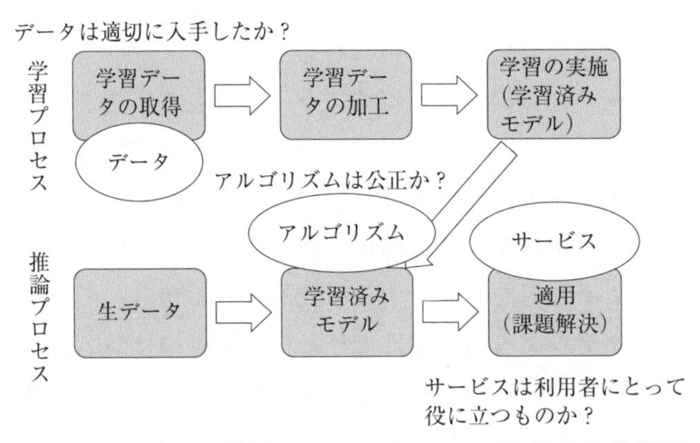

図 13-２　データ利活用において ELSI が生じそうな箇所（著者作成）

がある。また，学習（教師）データに偏りがあると，学習済みモデルのアルゴリズムもまた偏ってしまう，すなわちバイアスを含むものになることにも注意が必要である。例えば，男性ばかりのデータをもとに作成されたアルゴリズムは女性差別的な振る舞いをする可能性がある。最後に，サービス自体がそもそもデータ提供者にとって役に立つものであるか，データを提供した際に想定した範囲内のものであるか，すなわち公正な利活用となっているかについても改めて検証すべきである。

パーソナルデータを利用して，当人の趣味嗜好，健康状態，信頼性，職務遂行能力といった個人的側面を予測・評価することは特に「(データに基づく）プロファイリング」と呼ばれる。これらがマーケティングに用いられると，「個別化（パーソナライズ）された」広告を送ることができ，すでにプラットフォーム事業者が利用している。ネットニュースにおいても閲覧履歴に基づく個別化が行われている。しかし，プロファイリングには，要配慮個人情報に相当するような機微な情報を推定してしまったり，推定の根拠や正確性が不明であったりする問題がすでに指摘されている（山本，2017)。さらに，プロファイリング自体の問題に加えて，プロファイリングの結果が，人間の判断を介さず，そのまま意思決定に採用されてしまうことの問題も指摘されている。特に，採用や人事，裁判，融資といった人の人生にかかわる重大な決定がデータ処理のみにより自動的に実施されてしまうことには強い懸念が示されている。そのため，欧州ではEU域内の個人データ保護を規定する法として2018年5月に施行された「一般データ保護規則（GDPR)」において，プロファイリングに基づく自動化された意思決定に対して，知る権利（第13，14条)，異議を申し立てる権利（第21条)，自動化された処理のみに基づいた決定に服さない権利（第22条）が設けられている。

国内では（2022年2月時点では）プロファイリングはまだ法規制の

対象とはなっていない。しかし，2021年8月改正のガイドラインには，利用目的の特定（3－1－1）に，「例えば，本人から得た情報から，本人に関する行動・関心等の情報を分析する場合，個人情報取扱事業者は，どのような取扱いが行われているかを本人が予測・想定できる程度に利用目的を特定しなければならない。」との文言が追加された（個人情報保護委員会，2021a）。また，個人情報保護法の令和2年度改正では，「不適正な利用の禁止」として，「個人情報取扱事業者は，違法又は不当な行為を助長し，又は誘発するおそれがある方法により個人情報を利用してはならない」（第19条）という文言が入った。「不適正な利用」や「不当な行為」には何が該当するのかは，ガイドライン等で今後明確にされていく部分もあると予想されるが，比較衡量に基づくケースバイケースの判断が必要になってくるだろう。これは「手続」論から「実体」論への転換を図ったものともいえる（宮下，2021）。そのためには，個人情報を利用する者自らが，どういう利用が適正であるかを自ら判断する必要が出てくることを示している。そのためのツールが次節で紹介するリスクに基づくアプローチである。

（3）リスクに基づくアプローチ

個人情報の利用やAIの社会実装にあたっては，チェックリストに基づく機械的な判断ではなく，実質的な判断を行うために「リスクに基づくアプローチ（risk based approach）」が必要とされている。リスクに基づくアプローチには2つの側面がある。1つは，リスクの大きさによって区別するという側面である。リスクが高い利用方法とリスクが低い利用方法に分ける場合もあれば，リスクの大きさに応じて数段階に分けるやり方もある。もう1つは，リスク項目の洗い出し，リスクの評価，リスク削減対策を通じて，残余リスクが社会的に受容可能なほど低いことを示す一連の作業を指す場合である。これは通常，リスクが高いと判断される利用方法に対して実施される。前者だけで「リスクに基づくアプローチ」と呼ばれることもあるが，「リスクに基づくアプローチ」のより本質的な側面は後者である。後者は一般的なリスクマネジメントプロセスであるが，個人情報保護の文脈において適用される場合はこれまでプライバシー影響評価（PIA）と呼ばれてきた。EUのGDPRでは，データ保護影響評価（DPIA）と呼ばれている（第35条）。GDPRでは，人の権利や自由に対して高いリスクを発生させるおそれがある場合には，公的機関も民間事業者もともに，事前に「データ保護影響評価（DPIA）」を実施することが要請されている[2)]。PIAは同時に，プライバシーへの配慮を，後付けでなく，プロジェクトやシステムの設計段階から組み込んでおくことを目標として提唱された「プライバシー・バイ・デザイン（PbD）」の実践手法としても位置づけられている。また，近年AIを利活用する企業の間で，AI倫理原則/指針を制定する動きが広がっているが，こうした上位の理念を具体的な日々の実践に落とし込むためのツールの１つとして利用されるケースもある。

ただし，PIAには様々な文脈と手法があり，国内向けには対象別に３つに分けることができる。１つ目は，情報システムを対象とする国際標準化機関（ISO）と国際電気標準会議（IEC）による規格であり，2021年にはJIS化されている（ISO/IEC，2017）。２つ目は，情報ファイル（特定個人情報ファイルを取り扱う事務）を対象とする「マイナンバー保護評価（特定個人情報保護評価）」である。国の行政機関や地方公共団体等が，特定個人情報ファイル（マイナンバーをその内容に含む個人情報ファイル）を取り扱う事務を行う場合に実施が義務付けられている。そして３つ目がパーソナルデータを取り扱うプロジェクトを対象とする一般的なPIA（EUのDPIAを含む）である。利用者とのリスクコミュニケーションのためのツールになりうるという観点から，本稿ではこの3つ目のPIAを取り上げる。

米国では「2002年電子政府法」において，連邦政府の行政機関に対して，PIAの実施と公表が義務付けられた（第208条）。カナダの連邦レベルでは，財務委員会事務局（TBS）が2010年に「PIA指令」を公布し，行政機関に対してPIAの実施が義務付けられた。オーストラリアやニュージーランドでは法律で義務付けられてはいないものの，公的機関が自主的にPIAを実施している。英国では2007年に情報コミッショナー局（ICO）がPIAの実施を勧告するハンドブックを公表し，2014年には行動規範として更新され，その後GDPR施行に伴い名称がDPIAに変更されたが，これまで警察を含め多くの公的機関がPIAを実施・公表している。

4. リスクマネジメントの方法

ここでは英国情報コミッショナー局（ICO）が実施しているDPIAの手順を紹介する[3)]。最初にDPIAを実施する必要があるかどうかのチェックリストが用意されている。これは一般的に，閾値分析/評価（threshold analysis/assessment）と呼ばれる。体系的かつ広範囲にわたるプロファイリングや人生における重大な決定につながる意思決定をデータ処理のみで実施する場合といった，高いリスクを発生させうる場合は必ず実施するようになっている。DPIAを実施しないことを決定した場合にはその理由を文書化することになっている。DPIAの一般的なステップは次のとおりである。まず1から4までのステップで基本的な事項をまとめる。5がリスク評価，6がリスク管理である。

Step 1 ：DPIAを実施する必要性を確認する

プロジェクトが何を目指しているのか，どのようなデータ処理を行うのかを大まかに説明する。プロジェクト提案書など，他の文書を参照またはリンクするとよい。そのうえでDPIAの必要性を確認した理由を要約する。

Step 2：データ処理の性質，スコープ，文脈，目的を記述する

基本的な情報を過不足なく記述することが求められている。これらは4つに分けることができる。それぞれに当てはまる質問リストを示す。

＜処理の性質＞どのようにデータを収集，使用，保存，削除するのか？データの出所はどこか？データを誰かと共有するか？データの流れを説明するフロー図などを参照すると便利だろう。高リスクとなる可能性がある処理にはどのようなものがあるか？

＜処理のスコープ＞データの性質はどういうものか，機微なデータは含まれているか？どれくらいの量のデータを収集・使用するか？どのくらいの頻度か？どのくらいの期間，データを保持するか？影響を受ける個人は何人か？どのような地理的範囲を対象とするか？

＜処理の文脈＞データ提供者はどの程度自分のデータをコントロールできるか？彼らはここで記述されるデータ利用方法を想定しているか？子どもやその他の弱者は含まれているか？この種のデータ処理について以前から懸念されている事項はあるか？何らかの点で新規性があるか？この分野の技術の現状はどうなっているか？現在，社会的に懸念されている問題で考慮すべきものはあるか？承認された行動規範や認証制度に加わっているか？

＜処理の目的＞何を達成したいか？個人に対する意図した効果は何か？その処理の（あなたにとって，またより広い）ベネフィットは何か？

Step 3：ステークホルダーへのコンサルテーションのやり方を検討する

関連するステークホルダーとして，データ提供者に加え，組織内外の専門家が挙げられている。データ提供者の見解をいつ，どのようにして求めるか，あるいは，そうすることが適切でないならその理由を説明する。組織内で他に誰を巻き込む必要があるか。情報セキュリティの専門家，またはその他の外部の専門家に相談する予定はあるか？

Step 4：プロジェクトの必要性と比例性（proportionality）を評価する

プロジェクトが必要かつ，目的に比例した内容となっているかを確認するための質問リストが挙げられている。データ処理の法的根拠は何か？このデータ処理は実際にあなたの目的を達成するものか？同じ結果を得るための別の方法はあるか？当初の利用目的を超えた利活用に進んでしまうことを防ぐ手立てはあるか？データの品質とデータ最小化をどのように確保するか？データ提供者にどのような情報を提供するか？データ提供者の権利を支援するために何ができるか？データ処理を行う者のコンプライアンスを確保するために何ができるか？

Step 5：リスク（複数形）を特定し，データ提供者への潜在的な影響を評価する

ありうるリスクを列挙し，それぞれについて，「害が生じる可能性」と「生じた場合の害の大きさ」を数段階で評価し，両者の掛け合わさった結果として「全体リスク」を評価する。英国ICOの場合は，「害が生じる可能性」を3段階（ありそうにない/ありうる/ありそう），「生じた場合の害の大きさ」を3段階（最小/重大/深刻）で評価し，両者の結果から表13-1のように「全体リスク」も3段階（低/中/高）で表す。

ロンドン交通局（TfL）によるTfL GOアプリの導入の際に，2020年12月に作成・公表されたDPIAを例に示す（表13-2）。

フランスの当局（CNIL）では，PIA専用のソフトウェアが用意され，リスクマップ上では，それぞれを4段階（無視できる/限定的/重大

表13-1　「全体リスク」の評価のための目安とマトリクス

生じた場合の害の大きさ	深刻な害	低リスク	高リスク	高リスク
	重大な影響	低リスク	中リスク	高リスク
	最小の影響	低リスク	低リスク	低リスク
		ありそうもない	ありうる	ありそう
		害が生じる可能性		

出典）英国ICOのウェブサイトから著者作成　https://ico.org.uk/for-organisations/guide-to-data-protection/guide-to-the-general-data-protection-regulation-gdpr/data-protection-impact-assessments-dpias/how-do-we-do-a-dpia/#how6

表13-2　ロンドン交通局（TfL）によるアプリのDPIA（ステップ5）（主な項目を抜粋）

ありうるリスクの発生源	害が生じる可能性（ありそうにない/ありうる/ありそう）	生じた場合の害の大きさ（最小/重大/深刻）	全体リスク（低/中/高）
ダウンロードが少ない場合，収集された利用データから個人が特定される可能性がある。	ありそうにない。	重大	低
アプリの更新で機能が追加され，プライバシーへの配慮が変化する。	ありうる。	重大	中
保護者への相談無しに13歳未満の子どもがデータ収集にオプトインしてしまう。	ありうる。	最小	低

出典）ロンドン交通局（TfL）ウェブサイトから著者作成　https://content.tfl.gov.uk/tfl-go-public-launch-dpia-v2-updated.pdf

/最大）ずつで表現する[5)]。日本の個人情報保護委員会でもPIAを紹介した際に「リスクマップのイメージ」として，「発生可能性」を4段階（非常に低い/一定の可能性/ある程度高い/非常に高い），「影響度」を4段階（無視可/限定的/重大/甚大）で示した（個人情報保護委員会,

2021b)。

Step 6：リスク削減手段を特定する（identify measures to reduce risk）

ステップ5で特定した各リスク項目について，リスクを減らす対策を挙げたうえで，それらが実施されるとリスクがどのように変化するか，そしてそれでも残るリスクの大きさはどれくらいかを示す。英国では，全体リスクが「中」あるいは「高」とされたものについては，「リスクを削減する，あるいは，取り除くためのオプション」を挙げて，その結果として，「リスクへの影響」を3段階（除去した/削減した/受容した），「残留リスク」を3段階（低/中/高）で示すことになっている。リスクへの影響には，除去と削減だけでなく，受容が含まれている。すなわち対策しない/できないためにそのまま受容するという選択肢も想定されている。最後に提示された対策を承認するか否かの欄が設けられている。ここでも，ロンドン交通局（TfL）による TfL GO アプリの例を表13-3に示す。

Step 7：署名と結果を記録する（Sign off and record outcomes）

最後に責任者が取られるべき対策や残余リスクを確認したことを文書化する。

5. リスクコミュニケーションの可能性

前節で紹介したプライバシー影響評価（PIA）のような定性的なリスク評価は，化学物質のリスク評価などのように客観的な数値を出すためのツールではなく，もともと，製品やサービスのリスクが受容可能なレベルに抑えられることをステークホルダーにコミュニケートするためのツールとしての側面が強い。そのため，専門用語を使って詳細に説明するよりも，分かりやすい言葉で表現することに重きが置かれるべきであ

表13-3　ロンドン交通局（TfL）によるアプリのDPIA（ステップ6）（主な項目を抜粋）

ありうるリスクの発生源	リスクを削減/除去するためのオプション	リスクへの影響（除去/削減/受容）	残余リスク（低/中/高）	対策への承認（はい/いいえ）
ダウンロードが少ない場合，収集された利用データから個人が特定される可能性がある。	限られた最小限のスタッフのみがデータにアクセス。プライバシー遵守の訓練を受け，社内専門家チームと議論。	削減	低	はい
アプリの更新で機能が追加され，プライバシーへの配慮が変化する。	更新のたびに，社内専門家チームの参加を継続。アプリ利用者にもその旨を通知。	削減	中	はい
保護者への相談無しに13歳未満の子どもがデータ収集にオプトインしてしまう。	利用データについては，すでに保護者の支援を求める要求を含んでいる。	受容	低	（該当しない）

出典）ロンドン交通局（TfL）ウェブサイトから著者作成　https://content.tfl.gov.uk/tfl-go-public-launch-dpia-v2-updated.pdf

り，成功すれば有効なリスクコミュニケーションツールとなりうる。データ利活用においては，ウェブサイトにアクセスした際，またアプリをダウンロードする際に表示される「プライバシーポリシー」も本来，リスクコミュニケーションツールであるべきものである。しかし，読ませることを意図するよりも，とにかく同意を得ることを優先する傾向があったことは確かである。今後は意味のある同意，すなわち，ありうるリスクとそれらへの対策について理解したうえでの同意が求められるようになると思われるため，リスクコミュニケーションのためのツールとして進化することが期待される。

リスクの対象，すなわち守りたい価値は「プライバシー」にとどまらないにもかかわらず，PIA という名称のままでは，実際はプライバシーに限定されない使い方がされてはいるものの，評価対象がプライバシーに限定されているという誤解を招くおそれがある。守りたい価値には例えば，ジェンダー平等や人としての尊厳，さらには自由や民主主義といった普遍的な価値も含まれるべきである。実際，2011 年に国連人権理事会で承認された，国連のビジネスと人権に関する指導原則（UNGPs）には，企業に対して「人権リスクを測るために，企業は，その活動を通じて，またはその取引関係の結果として関与することになるかもしれない，実際のまたは潜在的な人権への負の影響を特定し評価すべきである。」と書かれている（国際連合，2011）。これを実施するための手法として，「ビジネスと人権（BHR）」の文脈において，人権影響評価（Human Rights Impact Assessment：HRIA）についての方法論の研究や実践が積み重ねられている。デンマーク人権研究所が作成した HRIA ツールボックスでは，設定されている５つのフェーズすべてにおいてステークホルダーとのコミュニケーションが重要視されている[5)]。人権影響評価（HRIA）は近年では ESG（環境・社会・ガバナンス）投資の文脈においても注目されつつある。こうした背景をもとにして，AI の倫理原則を実践するために人権影響評価（HRIA）を導入すべきだという議論につながっている（Mantelero and Esposito, 2021）。

また，AI の社会的な影響を評価する手法としては，アルゴリズムに焦点を当てたアルゴリズム影響評価（Algorithmic Impact Assessment：AIA）も提案されている（Reisman et al., 2018）。当初は公的機関が，AI を利用した自動化された意思決定システムを調達する際の判断に資するためのリスク評価ツールとして提案された。2020 年４月からはカナダ政府が，「自動化された意思決定に関する指令」を支援するためのリスク評価ツールとしてアルゴリズム影響評価（AIA）を導入した[6)]。AIAは，オンラインでリスクに関する48の質問（例：そのシステムは意思決定者の補助としてのみ利用されるか？）と緩和策に関する33の質問（例：システムの決定を人間が上書きすることが可能か？）に回答するとスコアが算出される仕組みであり，Ⅰ（ほぼ影響なし）からⅣ（非常に高影響）まで4段階に区別され，それぞれに要求事項が定められている。自動意思決定システムの導入前にAIAを完了することが義務付けられている。AIAも，AIによる自動的な意思決定に伴うリスクを可視化し，それらをコミュニケートするためのツールであるといえるだろう。

しかし，ビッグデータの利活用とAIの社会実装に伴うリスクについては，急速に適用範囲を広げつつあるにもかかわらず，リスクコミュニケーションについてまだほとんど知見がない段階である。他の分野のリスクコミュニケーションの経験から学ぶ点も多いと思われるが，データ利活用には，データ取得からAIソリューションの提供，あるいは，データの二次利用といった複雑なプロセスを伴うことや，アルゴリズムのバイアスやブラックボックス問題といったAI適用に特有の課題も存在することから固有のリスクコミュニケーションの手法も検討する必要があるだろう。

〉〉注

注1）個人情報の保護に関する法律において定義された「個人情報」に含まれないが個人にひもづけられる情報をも含めるという意味で，パーソナルデータという用語を用いている。

注2）どういう場合が「高いリスクを発生させるおそれがある場合」に該当するかについてはガイドラインに9つの基準が提示されている（Article 29 Data Protection Working Party 2017）。Guidelines on Data Protection Impact

Assessment (DPIA) and determining whether processing is "likely to result in a high risk" for the purposes of Regulation 2016/679 (Adopted on 4 April 2017, As last Revised and Adopted on 4 October 2017)

注3) ICO による Data Protection Impact Assessments の解説は下記を参照。https://ico.org.uk/for-organisations/guide-to-data-protection/guide-to-the-general-data-protection-regulation-gdpr/accountability-and-governance/data-protection-impact-assessments/　ステップの説明は英国 ICO の DPIA テンプレートをもとにした記述である。https://ico.org.uk/for-organisations/guide-to-data-protection/guide-to-the-general-data-protection-regulation-gdpr/data-protection-impact-assessments-dpias/how-do-we-do-a-dpia/

注4) CNIL のウェブサイトにおける DPIA ガイドラインと PIA ソフトウェアを参照　https://www.cnil.fr/en/guidelines-dpia

注5) The Danish Institute for Human Rights. Human rights impact assessment guidance and toolbox を参照 https://www.humanrights.dk/tools/human-rights-impact-assessment-guidance-toolbox

注6) Government of Canada, Algorithmic Impact Assessment Tool. を参照。https://www.canada.ca/en/government/system/digital-government/digital-government-innovations/responsible-use-ai/algorithmic-impact-assessment.html

参考文献

岸本充生 (2021)「新興技術を社会実装するということ」国立国会図書館調査及び立法考査局編『ゲノム編集の技術と影響―科学技術に関する調査プロジェクト 2020 報告書―』国立国会図書館, pp.101-121. <https://dl.ndl.go.jp/view/download/digidepo_11656216_po_20200508.pdf?contentNo=1>

国際連合 (2011) ビジネスと人権に関する指導原則：国際連合「保護，尊重及び救済」枠組実施のために (A/HRC/17/31) 2011 年 03 月 21 日 https://www.unic.or.jp/texts_audiovisual/resolutions_reports/hr_council/ga_regular_session/3404/

個人情報保護委員会 (2021a)「個人情報の保護に関する法律についてのガイドライ

ン（通則編）」(2021年8月改正)
個人情報保護委員会（2021b）「PIAの取組の促進について -PIAの意義と実施手順に沿った留意点」第177回 個人情報保護委員会資料（2021年6月30日開催）2 https://www.ppc.go.jp/aboutus/minutes/2021/210630/
松尾真紀子，岸本充生（2017）「新興技術ガバナンスのための政策プロセスにおける手法・アプローチの横断的分析」社会技術研究論文集 14 pp.84-94.
宮下　紘（2021）『プライバシーという権利　個人情報はなぜ守られるべきか』岩波新書.
山本龍彦（2017）『おそろしいビッグデータ　超類型化AI社会のリスク』朝日新書.
Article 29 Data Protection Working Party（2017）Guidelines on Data Protection Impact Assessment（DPIA）and determining whether processing is "likely to result in a high risk" for the purposes of Regulation 2016/679（Adopted on 4 April 2017, As last Revised and Adopted on 4 October 2017).
ISO/IEC（2017). ISO/IEC 29134：2017 Information technology — Security techniques — Guidelines for privacy impact assessment.（和訳　JIS X 9251：2021 情報技術—セキュリティ技術—プライバシー影響評価のためのガイドライン）
Mantelero, A. and Esposito, M. S.（2021). An evidence-based methodology for human rights impact assessment（HRIA）in the development of AI data-intensive systems. Computer Law & Security Review 41, 105561.
Reisman, D., Schultz, J., Crawford, K. and Whittaker, M.（2018), Algorithmic Impact Assessments：A Practical Framework for Public Agency Accountability. AI Now Institute. https://ainowinstitute.org/aiareport2018.pdf

14 リスクコミュニケーションと科学的助言

平川秀幸

《学習のポイント》 科学的助言は，科学と政治の間を架橋し，政府の政策決定だけでなく，社会とのリスクコミュニケーションにとっても重要な役割を果たしているが，さまざまな課題がある。本章では，科学的助言者（組織または個人）に期待される役割や，科学的助言のプロセスと原則について概観し，最後に，報道やリスクコミュニケーションを通じて科学的助言に関与するマスメディアや市民にとっての課題を考える。
《キーワード》 科学的助言のプロセスと原則，科学的助言者の役割，誠実な斡旋者，科学的助言の独立性，科学と政治の相互作用，メディアと市民の役割

1．科学的助言とその必要性

（1）高まる科学的助言への期待と困難

科学的助言とは，政府が適切な政策形成や意思決定ができるように，科学者（技術者，医師，人文・社会科学分野の研究者も含む）やその集団が専門的な知見に基づいた助言を提供することである。広くは，一般市民も含めた個人や集団，組織が，直面する問題に対して適切な意思決定や行動ができるように，社会に向けた助言も含まれる。

そうした科学的助言に対する関心が近年，世界的に高まっている。気候変動や感染症，大地震や大津波など大規模災害，原発事故のような巨大技術システムの事故など，さまざまな危機や困難に現代社会は直面し

ている。人工知能（AI）やナノテクノロジー，再生医療，脳科学，ゲノム科学などのいわゆるエマージング・テクノロジーやそれらが融合するコンバージング・テクノロジーは，それら危機や困難に対処するための手段を与え，望ましい未来を創造する力になることが期待される一方，新たな問題を生み出す源泉ともなりうる。こうした危機や困難，新しい問題に対応していくためには，科学的助言に基づく政策決定やコミュニケーションが不可欠である。

このように必要性が高まる一方で，科学的助言には本質的な困難がつきまとっている。第4章で紹介したニュージーランド政府の元科学顧問ピーター・グラックマンの指摘にあるように，科学的助言が求められる政策課題は，科学的知見の不定性が高く，意思決定が社会のさまざまな利害に影響を及ぼすポスト・ノーマルサイエンスの問題領域に属していることが多いからである。実際，現在，科学的助言に世界的に関心が高まっている背景には，2009年4月6日にイタリアのラクイラ地方で発生し，300名以上が亡くなった地震で，発生直前に行政が安全宣言まがいの不正確な発表を行い，これに助言していた科学者たちが後に有罪判決を受けたことや，2010年のアイスランドのエイヤフィヤトラヨークトル火山の噴火やメキシコ湾原油流出事故，2011年の東日本大震災と福島第一原子力発電所の過酷事故など，多数の分野の専門知の協働と国家間連携が必要な危機が続き，科学的助言にとって困難な状況がグローバルに顕在化したという事情がある。

そうした困難な状況の中で，有効で社会から信頼される科学的助言のシステムをどのように構築していけばよいのか。科学的助言に対する現在の関心の中心にあるのはこの問いであり，そのための国際的な取組みがさまざま行われている。本章で紹介するOECDグローバルサイエンスフォーラム（GSF）による報告書『政策形成のための科学的助言』

（OECD, 2015）の取りまとめや，科学的助言に関する国際的な政策対話や能力構築，研究を推進するためのプラットホーム，「政府に対する科学的助言に関する国際ネットワーク（INGSA）」の設立はその代表例である。そうした動きは，2020年の新型コロナウイルス感染症（COVID-19）のパンデミック発生以降，さらに加速している。

（2）科学的助言と社会とのコミュニケーション

近年の科学的助言に関する国際的な議論では，科学的知見と公共的価値の相互作用に着目し，社会的な合意形成の観点を考慮する重要性が指摘され，科学・政治・社会のコミュニケーションの枠組みの中で科学的助言をより実効的なものにするための取組みが行われている（加納ほか，2021）。科学的助言は施策を通じて社会にさまざまな影響を及ぼす。その施策の内容が，経済や人びとの生活に負の影響を与えるものであったり，価値観や倫理観にそぐわないものであったりすれば，たとえそれが科学的な観点では妥当なものであっても受け入れ難くなる。そのような施策を打ち出す政府に対してだけでなく，政府に助言する専門家たちに対しても不満や不信感が生じ，彼らが発する科学的な情報も信用されなくなってしまう。もちろん世論の動向によって科学的な事実に関する情報を歪めることは許されないが，たとえば感染症対策のように，助言が施策の具体的内容にまで及ぶ場合は，どのような施策ならば受け入れられるかを探るための傾聴や合意形成などの丁寧なコミュニケーションを行い，納得感と信頼を醸成し維持していく必要がある。

このような科学的助言とコミュニケーションの関係についての認識は，新型コロナウイルス感染症のパンデミックを経て，今日いっそう強まっている。それとともに助言者としての科学者の役割や責任についての考え方も変化してきており，政策決定者や社会に対して正しい科学的知見を伝えるだけでなく，社会の声に耳を傾け，政策のデザインや人びとの行動変容を促すコミュニケーターとしての役割も期待されるようになりつつある（同上）。

2. 科学的助言の種類と設置類型

（1）「科学のための政策」と「政策のための科学」

科学的助言には大きく分けて，「科学のための政策（Policy for Science）」の助言と「政策のための科学（Science for Policy）」の助言がある。前者は，科学技術政策あるいは科学技術イノベーション政策を対象とした助言であり，後者は，それら「科学のための政策」も含めて，医療，環境，エネルギー，防災，教育，外交などあらゆる政策分野を対象としている。リスクコミュニケーションに主に関わるのは「政策のための科学」である。

（2）科学的助言者の設置形態の４類型

科学と政治を媒介する科学的助言にはさまざまな形態があり，その担い手である科学的助言者も多様である。個人が担うものもあれば，組織として行うものなど，世界各国でさまざまな形態があるが，大別すると以下の四つの類型がある（有本ほか，2016；OECD, 2015）。

第一の類型は「科学技術政策に関する国家会議」である。国家の全体的・基本的な科学技術政策あるいは科学技術イノベーション政策に関する政府の最高レベルの審議機関であり，基本的には「科学のための政策」の助言を行う。構成員には，学術界だけでなく産業界の代表も含まれ，関係閣僚が加わっていることも多い。日本では内閣府総合科学技術・イノベーション会議（CSTI），海外では，米国の国家科学技術会議（NSTC）および大統領科学技術諮問会議（PCAST），英国の科学技術会議（CST）などがある。

第二の類型は「審議会」である。各国の政府にとって各政策分野の科学的助言を得る最も主要なルートであり，日本では法令に基づいて各府省に設置され，各審議会の下には専門部会や分科会等が置かれている。その他，大臣や局長の下に臨時に設置される私的諮問機関（懇談会，研究会）もあり，全体では数千の審議体がある。多くの審議会では，学術界の有識者（自然科学等・人文社会科学）だけでなく，産業界や市民団体，メディアの代表者も委員となっており，審議会の答申や報告は，前者の科学的な観点と後者の社会的な観点を統合したものとなっていることが多い。

第三の類型は「科学アカデミー」であり，その多くは，科学者の顕彰機関としての性格とともに科学者コミュニティの代表としての機能を持ち，後者の立場から政府に科学的助言を行っている。助言を作成する際は，アカデミー内に委員会を設置して審議を行う。活動費用は政府予算や民間団体からの支援で賄われていることが多いが，助言は財源から独立した立場で行われるのが通例である。最も体系的な政策提言機能を備えているのは米国であり，全米科学アカデミー（NAS），全米工学アカデミー（NAE），医学院（IOM）に加えて，科学的助言の実務を担う全米研究評議会（NRC）を合わせて全米アカデミーズと呼ばれている。英国では王立協会，日本では日本学術会議がある。

第四の類型は，政府首脳に対する助言を科学者個人が行う「科学顧問」である。英国の政府主席科学顧問（GCSA），米国の大統領科学顧問，オーストラリアの主席科学者などがある。政治の世界と科学の世界をつなぐ結節点として非常に重要な役割を担っており，とくに災害発生時など緊急の対応が求められる場合に適時の助言を行うことができるとされている。たとえば英国の主席科学顧問は，大災害の発生や疾病の流行などに際して，緊急時科学諮問グループ（SAGE）を招集し，関連する分野の専門家の意見を集約して迅速に政権中枢に助言する役割を担っており，緊急時のリスクコミュニケーションに深く関わっている。

（3）求められる科学的助言者像―誠実な斡旋者

以上のように科学的助言者の設置形態にはさまざまあるが，科学的助言者個人には，どのような役割が期待されているのだろうか。米国の政治学者ロジャー・ペルキー（Roger A. Pielke）によれば，これには表14-1のような4類型がある（Pielke, 2007）。

「純粋科学者」は，政策や産業への応用を意識することなく，科学知識の生産に専念する科学者であり，「科学知識の提供者」は，何らかの政策上の課題があった際に，関連する科学知識を求めに応じて提供する科学者である。これらは，「優れた科学的知見が優れた政策をもたらす」という，ペルキーが「リニア・モデル」と呼ぶ科学観に立っている。これに対して他の2つの類型は，科学知識の政策形成への応用を明確に意識し，「科学的助言は幅広い関係者によって形成される」とする「ステークホルダー・モデル」を前提としている科学者である。そのうち，「主義主張者」は，ある政策課題に対して特定の立場を主張し，「誠実な斡旋者」は，複数の政策のオプション（選択肢）を，それらの根拠となる科学的知見とともに示す。ペルキー自身は断定していないが，これら四つの類型のうち，最後の「誠実な斡旋者」が科学的助言者としては重要であると考えていると見られている（有本ほか，2016）。

ただし，後述するように，政策分野によって，「誠実な斡旋者」のモデルのとおり，政策オプションの作成までを科学的助言者の役割としている場合もあれば，オプション作成までは行わず，その基礎となる科学的な分析や評価に限定している場合もある。

表 14-1　科学的助言者の役割の４類型

		科学観	
		リニア・モデル	ステークホルダー・モデル
民主主義観	社会に政策の選択肢が存在	純粋科学者（Pure Scientist）	主義主張者（Issue Advocate）
	専門家が政策の選択肢を提示	科学知識の提供者（Science Arbiter）	誠実な斡旋者（Honest Broker of Policy Options）

3. 科学的助言における科学と政治の関係―プロセスと原則

（1）科学的助言による科学と政治の媒介―独立性と相互作用

本章の最初でも述べたように，科学的助言とは，政府が適切な政策形成や意思決定ができるように，科学者やその集団が専門的な知見に基づいた助言を提供することであり，その本質は，科学と政治という異質な領域の間を媒介することにある。政治は，一定の価値の実現を目指す規範的な領域であり，さまざまな社会的利害の調整の場である。これに対して科学は，客観的で価値中立的であることが原則であり，そのために政治からの高い「独立性」が求められる。それが科学の健全性と信頼性の基礎であり，科学的知見が生み出されるプロセスに政治が介入することは許されない。

ただしこれは，重要だが科学的助言の一面にすぎないことに留意しなければならない。なぜなら，科学的助言が，科学的に妥当であると同時に政策形成や社会にとって有用であるという意味で「有効」なものとなるためには，政治からの独立性とともに，政治，さらには社会との適切な「相互作用」が欠かせないからである。たとえば，政策形成にとって有用な助言を行うためには，そもそも何が政府や社会にとって重要な課題なのか，どのような対応策なら望ましいのかについて，助言者と政府，さらには社会のステークホルダー（産業界，市民社会）との間で共通理解を形成する必要がある。行政機関が集約するデータや情報，行政官の専門知識，ステークホルダーの課題認識や専門知識，情報等を共有することも重要である。さらにはそれらのコミュニケーションを通じて，科学的助言者，政府，社会との間の信頼関係を構築・維持することも，科学的助言が有効に作成され，政策で活かされ，その政策が社会で受け入れられるためには必要である。

（2）科学と政治の役割と責任の分担

このように科学的助言者と政府やステークホルダーとの相互作用は科学的助言にとって不可欠のものだが，同時にそこには常に科学の独立性を脅かすリスクが存在する。このリスクを最小化し，有効かつ信頼される科学的助言を行うにはどうしたらよいのか。そのための工夫の一つとして，とくに食品や化学物質などの規制行政でかねてより重視されてきたのが，リスク評価とリスク管理を概念的にも手続き的・機能的にも分離するという原則である。科学的助言組織が担うリスク評価は科学的・専門的な見地から行うのに対し，政府が担うリスク管理における政策決定は，ステークホルダーの関与も得ながら，リスク評価の科学的結果とともに，政治的・行政的に考慮しなければならない他の事情も踏まえた総合判断として行われる。評価と管理の分離は，後者で考慮される政治的・社会的な価値判断が前者に影響し，科学的な議論が歪められるのを防ぐとともに，リスク管理に関する最終的な意思決定を行い，その内容と根拠を国民に説明する責任を，科学者ではなく，リスク管理機関（政府）が負うことを担保するための措置である。

こうした考え方は，1983年に全米研究評議会（NRC）がまとめた報告書『連邦政府におけるリスク評価』（NRC, 1983）で打ち出されたものであり，その後1995年には食品分野の国際的なリスク管理機関であるコーデックス委員会が，リスク評価，リスク管理，リスクコミュニケーションを構成要素とする「リスクアナリシス」の枠組みを示した際にも踏襲された。

ただし，評価と管理の分離によるリスク評価の独立性の確保といっても，その考え方や実現の仕方はさまざまである。たとえば日本の食品安全行政では，評価と管理を組織として分離し，リスク管理を担う厚生労働省と農林水産省から独立に，内閣府食品安全委員会がリスク評価を行っている。同様の組織的分離によるリスク評価の独立性の確保は，欧州連合（EU），ドイツ，フランスの食品安全行政でも行われている。これに対して米国では，組織を分離するよりも，同じ組織内で作業プロセスにおいて手続き的・機能的に分離する方が効果的であるとしている。

また，政策分野によって，評価と管理が明確に分離されている分野もあればそうでない分野もあるが，科学的助言の有効性（科学的に妥当であると同時に政策形成にとって有益であること）の担保という観点から見て，後者が直ちに問題であるわけでもない（有本ほか，2016）。日本では，上述の食品安全や地震予知は明確に分離されているが，医薬品審査では，医薬品医療機器総合機構（PMDA）が評価と管理を混然一体として行っている。しかしながら，そのような体制であることによって，円滑な審査が可能となっている面もあるという。また地球温暖化分野では，気候変動に関する政府間パネル（IPCC）はリスク評価機関ではあるが，科学者だけでなく各国の行政官も参画している。このため，リスク評価は科学的な観点のみに基づいて行われているわけではないが，そのことがかえって，IPCCの科学的助言が各国政府や国際社会に受け入れられやすくしている効果もあるといわれている。

リスク評価者が担う役割も，リスクの科学的評価だけに限定されている分野もあれば，リスク管理措置のオプションの提案とその効果の評価まで含む，先述の「誠実な斡旋者」のモデルに合致する場合もある。日本の食品安全委員会の役割は，一部，リスク管理機関が提示する管理措置オプションの評価も行われるが，基本的にはリスクの科学的評価に限定されている。これに対しIPCCでは，気候変動とその影響の予測・評価だけでなく，気候変動の緩和策や適応策のオプションの作成も行っている。2020年に設置された日本の新型コロナウイルス感染症専門会議や新型コロナウイルス感染症対策分科会も，感染状況の分析や評価だけでなく，感染対策の提言も行っている。ただし，IPCCが提示する対策はあくまでオプション（選択肢）であり，具体的にどのような対策を採るかは国連気候変動枠組条約締約国会議（COP）や各国政府の意思決定に委ねられているのに対し，新型コロナウイルス感染症の専門家会議や分科会の場合は，必ずしもオプションの提示になっておらず，本来は政府が負うべき政策決定の責任の所在が曖昧になっているという問題があることが，専門家会議の構成員によっても指摘された（新型コロナウイルス感染症対策専門家会議構成員一同，2020）。

（3）科学的助言のプロセスと原則

科学と政治の相互作用を前提としつつ，科学の独立性を確保し，政策的に有用かつ社会からも信頼される科学的助言をいかに実現するかについて各国ならびに国際社会は，これまでにさまざまな議論を積み重ね，その成果を原則，指針，行動規範の形で明文化している。それらは各国の政治・行政の体制や科学的・文化的背景などの違いを反映しているが，共通点も多い。先に言及したOECD-GSFの報告書『政策形成のための科学的助言』では，そうした各国の差異や共通点を踏まえて，科学的助言のプロセスを，①課題の設定，②助言者の選定，③助言の作成，④助言の伝達と活用の四段階に分けて，それぞれについて科学的助言者と政府が留意すべき原則（表 14-２）とチェックリスト（表 14-３）を示している（OECD, 2015；有本ほか，2016)。

4. これからの科学的助言の課題―メディアと市民の観点から

以上に見たように，科学的助言について，各国ならびに国際社会はさまざまな議論を積み重ね，原則や指針，行動規範を定め，助言制度を運用している。リスクコミュニケーションもそのような科学的助言に基づいて行われている。そうした中で，具体的にどのようにして科学と政治の間の適切な関係を構築・維持し，科学的助言の有効性と信頼性を高めるかは，一義的には政府や科学者たちの役割と責任だが，同時に，リスクコミュニケーションにおける他方の重要なアクターであるマスメディアや市民にも役割と責任があると考えられる。

第一に重要なのは，本章で述べてきたような科学的助言の原則についての理解を市民も共有し，政府における科学的助言活動の健全性をチェックし評価する目を養うことである。これは第一にはマスメディアの役割・責任でもあるが，市民もまた，たとえば表 14-３に示したチェックリストなどに基づき，政府における科学的助言活動が，科学の独立性を保ちつつ，助言が有効に政府によって活用されているか，科学的助言者と政府が各々の役割と責任を果たしているかどうかをチェックし，問題があれば，世論調査や SNS での発信，あるいは行政や政治家への働きかけや，パブリックコメントや意見交換会など政府が提供する参加・関与の機会の利用など，さまざまな手段を通じて，意思を示すことが重要だろう。そうした民主主義社会における市民の批判的態度が，

表14-2　科学的助言のプロセスと原則

段階	原則的論点
課題の設定	•課題が最初から明確な場合と，課題が複合的で課題の範囲が明確でない場合がある。後者では，助言対象となる課題の範囲について，事前にステークホルダー間で協議し，共通理解として確定する必要がある。 •地震や台風等の災害，原子力発電所事故，感染症の世界的流行など緊急対応を要する課題については，平時からの準備が重要であり，地球温暖化問題のような慢性的課題については，できるだけ早い段階から問題の兆候の全体構造を掴み対応する体制整備が重要。いずれの場合も，科学的助言を要する政策課題として今後どのようなものがあるかを不断に検討・分析する「フォーサイト」等の活動が重要となる。 •課題の設定は一義的には政府の責任だが，専門家やステークホルダー（産業界，市民社会，国際的組織等）との連携を通じて課題設定することが望ましい。
助言者の選定	•助言者の選定に恣意性や偏りがあることは科学的助言の妥当性・信頼性を損ないかねないため，メンバー間の見解の分布や，課題に関連する分野の分布に照らしたメンバー構成のバランスや，利益相反に留意する必要がある。 •審議会等の委員の選定手続きや利益相反の基準に関するルールが設けられている国が多い。
助言の作成	（1）独立性の確保 •助言の作成は，政府やステークホルダーからの影響に左右されてはならず，政府側も科学的助言者の活動に政治的に介入してはならない。 •ただしこれは，科学的助言者と政府のコミュニケーションや相互作用を排除するものではない。 （2）科学的助言の質の確保 •科学的助言の質を最大限高めるためには，助言者が自らの研究成果や知見を踏まえて客観的な立場から助言を作成するだけでなく，関係する分野の専門家による査読を受けることが望ましい。 •ただし，適切な査読の手続きは，助言組織の政策や，扱う事案の性格によって異なる。 （3）不確実性･多様性の適切な扱い •科学的助言には不定性（不確実性や複雑性，フレーミングやデータ解釈等の多義性）が伴う。 •不定性は，同一の専門分野での見解の相違や，異分野間のアプローチの違いに起因している。助言の作成は，そうした幅広い見解を適切に統合する必要がある。

助言の作成	• ただし，不定性を捨象した「統一見解」として，無理にまとめられた助言を政策担当者に伝えることは，誤った政策決定をもたらしかねない。政府の側も統一見解を出すよう科学的助言者に圧力をかけてはならない。
助言の伝達と活用	• 科学的助言は適切なかたちで政府に伝達される必要があるが，政府の側も助言を公正に取り扱わなくてはならない。助言のうちで都合の良いものを選択的に利用したり，助言に恣意的な解釈を加えたりしてはならない。 • 政府は，提供された科学的助言が政策立案においてどのように考慮されたかを国民に対して説明する責任がある。また，提供された助言と明らかに相反する政策決定を行った場合は，その根拠を説明する義務がある。

表 14-3　OECD による科学的助言のためのチェックリスト

効果的で信頼される科学的助言プロセスは，

① 明確な付託事項をもち，多様な関係者の役割および責任が定められるとともに，以下の事項が必要とされる。
- (a) 助言の意思決定の機能・役割の明確な定義，および可能であれば明確な区別
- (b) 伝達に関わる役割および責任の定義，および必要な専門的能力
- (c) すべての関係者，関係機関の法的役割および責任に関わる事前の定義
- (d) 付託事項に照らして必要となる組織上，運営上，人的な支援

② 必要な関係者——科学者，政策立案者，他の利害関係者——の参加を確保するため，次の事項が必要とされる。
- (e) 参加プロセスの透明性の確保と，利益相反の申告・確認・処理のための厳密な手続きの遵守
- (f) 問題に取り組むために必要とされる科学的知見を多様な分野から集めること
- (g) 課題設定や助言の作成において科学者以外の専門家や市民社会の利害関係者を関与させるか，またどのように関与させるかを明示的に考慮すること
- (h) 必要に応じて，国内外の関係機関と適時の情報交換および調整を行うための有効な手順を確立すること

③ 偏りがなく妥当かつ正当で，以下のような性質をもつ助言を作成しなければならない。
- (i) 入手できる最善の科学的根拠に基づいていること
- (j) 科学的不確実性を明示的に評価・伝達していること
- (k) 政治（および他の利益団体）の干渉を受けていないこと
- (l) 透明性があり説明責任を果たすように作成・活用されること

助言者や政策立案者に緊張感をもたらし，助言プロセスの健全性を保つことにつながりうる。

第二に重要なのは，科学的助言に不可避に伴う不定性とどう折り合いをつけていくかである。これはとりわけ，大地震や新興感染症の大流行など緊急時に重要なものである。そのような状況では，最善の科学的知見に基づいても予測できない事象がいくらでも起こり，ある時点で示された助言内容が後に誤りだとわかり，修正されることがいくらでも起こりうる。それに対して，誤ったことを過剰に問題視し責めるのではなく，誤りが生じ，科学的知見や情報が更新されることを前提とした上で，むしろ政府や科学的助言者たちが誤りを冷静に検証し，改善につなげるのを促す前向きの態度が，マスメディアにも，その報道を受け止める市民にも求められる。また科学的知見や情報の誤りが判明し，更新された場合には，メディアには過去の報道を検証し，自社のウェブサイトで公開されている記事に訂正情報を明示し，更新された情報にアクセスしやすくするなどの工夫が求められる。市民にもそうした情報の更新可能性に常に留意しながら，報道を受け止めたり，自ら情報収集したりする態度が求められる。

最後にもう一つ重要なのは，不確かな中でも，より確かで信頼しうるエビデンス（根拠）を求め，問い質す態度の涵養である。近年の新聞報道では，記事の情報の根拠となっている科学的助言の公表資料や研究論文・報告書の名称やインターネット上のリンクを明記したものが，少しずつだが増えてきている。こうしたメディアの取組みは，市民が物事の根拠を質すことを重視し，メディアに対しても政府や企業，学術界に対しても根拠を求める姿勢を育むことにつながりうる。科学的助言の健全性と有効性の根本は，そのような「エビデンスを求める文化」を社会に広く醸成することにあるといえるだろう。

参考文献

有本建男・佐藤靖・松尾敬子（2016）『科学的助言―21世紀の科学技術と政策形成』，東京大学出版会

加納寛之・住田朋久・佐藤靖（2021）「科学的助言とパブリックコミュニケーション：日本の新型コロナ対応が提起する新たな課題」『研究 技術 計画』36巻2号：pp.128-139.

新型コロナウイルス感染症対策専門家会議構成員一同（2020）「次なる波に備えた専門家助言組織のあり方について」，コロナ専門家有志の会 https://note.stopcovid19.jp/n/nc45d46870c25

NRC, National Research Council（1983）*Risk Assessment in the Federal Government：Managing the Process*, National Academy Press.

OECD（2015）"Scientific Advice for Policy Making – The role and responsibility of expert bodies and individual scientists", OECD.

Pielke, Roger A.（2007）*The Honest Broker：Making Sense of Science in Policy and Politics*. Cambridge University Press.

15 リスクガバナンスとリスクコミュニケーション―よりよい対話・共考・協働に向けて

平川秀幸・奈良由美子

《学習のポイント》 リスクコミュニケーションは，リスク評価やリスク管理と一体化し，社会の多様なアクターが参加・関与するリスクガバナンスの活動の一部となることで，その意義が発揮される。本章では，リスクガバナンスのなかでリスクコミュニケーションが果たす役割について理解を深める。そのうえで，対話・共考・協働にむけてのリスクコミュニケーションの課題を展望する。

《キーワード》 リスクガバナンス，参加型ガバナンス，リスク管理，リスク評価，対話・共考・協働

---

1. リスクコミュニケーションと他の活動との一体性

（1）リスクコミュニケーションとリスク管理の一体性

リスクコミュニケーションはリスクコミュニケーションだけで完結するものではない。リスク管理やリスク評価の諸活動と一体化したリスクガバナンスの枠組に位置づけることで，その意義が発揮される。

リスクコミュニケーションの現場では，リスクの科学的・技術的な問題だけでなく，政府・自治体や企業などのリスク管理の施策内容（基準値の設定など）の是非が問われることが多い。このため，関係者にとって納得のいくリスクコミュニケーションが行われるためには，科学的・技術的な説明内容の分かりやすさや伝え方を改善するだけでなく，リス

クコミュニケーションでやり取りされた意見や情報が，行政等が行うリスク管理の意思決定のなかで十分に考慮され，必要に応じて反映されうること，また反映されない場合は，その理由が十分に説明されることが不可欠である。

このようなリスクコミュニケーションとリスク管理の「一体性」と，コミュニケーションを通じて，関係者のいずれもが意見・態度・行動を変える可能性や余地があるという「相互作用性」が担保されていなければ，多くの関係者にとってリスクコミュニケーションは参加する価値がないものと見なされてしまうおそれがある。リスク管理との一体性と関係者間の相互作用性は，リスクコミュニケーションで肝要な信頼の問題に直結している。

(2) リスクコミュニケーションとリスク評価の一体性

一体性と相互作用性は，専門的・科学的な作業である「リスク評価」との間にも必要とされている。この場合，中心となるのは，リスク評価の科学的内容の妥当性を検証できる専門性を備えたひとびとだが，そのようなひとびとは大学や試験・研究機関，企業の研究職・技術職，そのOB/OGなど数多く存在する。専門職でなくとも，大学等で関連する分野の専門性を身につけたひとびとも世の中にはたくさんいる。また地域レベルの環境問題では，現地の農家や漁業者，自然観察愛好家などが，その地域の生態系に関する詳しい情報・知識をもっていることも多い。リスク評価を直接担う行政内部や審議会等の専門家に加えて，社会に広がる多数の専門性のあるひとびとの目が入ることによって，評価の質向上が期待される。また第14章でも述べたように，リスク評価（科学的助言）が対象とする政策課題の設定や対応策のオプションの検討では，社会のステークホルダーが何をより重要な課題と考え，何を望ましい対応策と考えるかを，政府も専門家も把握する必要がある。

このような観点もふまえて国際リスクガバナンス・カウンシル（IRGC）では，後述するように，リスクコミュニケーションをリスク評価からリスク管理の全過程に関わる一体的なものとして位置づけている。

2. 参加型ガバナンスとしてのリスクガバナンス

(1)「ガバナンス」という言葉が意味すること

ここでリスクガバナンスの基本的な考え方を示す。まずは「ガバナンス」という概念の意味に触れておきたい。

英語の“governance”は，日本語では「統治」「管理」「支配」と訳されるのが普通である。そこには「統治する者／統治される者」というトップダウン的な二分法のイメージがある。実際，伝統的なガバナンスの主体は「政府（ガバメント）」であり，その意思決定に関わることができたのは，政府に助言する一部の専門家集団（審議会委員など）と産業界など一部の利害関係者に限られていた。一般市民などその他の者は，もっぱら政府あるいは地方自治体が決定したことを受け入れ従うばかりであった。旧来のガバナンスは，まさに統治・管理・支配という言葉に相応しいものだった。

これに対し近年の政治学などで用いられる“governance”，そして日本語でカタカナ表記される「ガバナンス」が意味しているのは，旧来とは大きく異なるガバナンスのスタイルである。その背景には，社会の多様性や複雑性，変動が増大するにつれて，従来の政府中心のトップダウン型のガバナンスが機能不全に陥ってきたという事情がある（宮川・山本，2002）。このため，新しいスタイルのガバナンスの主体（アクター）には，政府や産業界，専門家集団だけでなく，一般市民やNGO/NPO

など市民セクターも含まれる。社会の意思決定は，それら多様な主体間の競合，協議，連携，協働といった水平的な相互作用を通じて行われ，誰もが統治される者であると同時に統治する者になっている。

もちろん，政策を決める最終的な主体は政府や自治体だが，そこでの決定過程には情報公開など透明性や説明責任を確保することや，多様なアクターの直接・間接的な関与・参加が求められる。これが現代的な意味でのガバナンスの姿であり，ここでは旧来のものと区別するために，とくに多様なアクターが参加するという点を強調して「参加型ガバナンス」と呼ぶことにする。

(2) リスクガバナンスの考え方

以上のことは，本章のテーマである「リスクガバナンス」という概念にもそのままあてはまる。

リスクガバナンスとは，科学技術や産業経済の発展がもたらす便益を享受しつつ，それに伴うリスク（有害な影響が生じる可能性）からひとびとの生命や財産，社会の秩序，自然環境を護るために行われる意思決定とその決定内容の実施，監督，あるいはリスクをめぐって生じるさまざまな紛争の解決を行う活動のことである。これもまた，社会のガバナンス一般と同様に，かつては政府を中心としたトップダウン的で，透明性や説明責任を欠いたものだった。

しかし，近年リスクの問題がますます複雑化し，リスクに関する科学的知見の不確実性が無視できないほど大きくなるにつれて，旧来のやり方が機能不全に陥り，徐々に事情が変わってきた。例えば1996年の英国の「BSEショック」とそれに引き続く遺伝子組換え食品をめぐる混乱のように，明らかな政策の失敗や，政府・専門家・企業とNGOや一般市民との対立や紛争が増加した。また米国では，1960年代以降の環

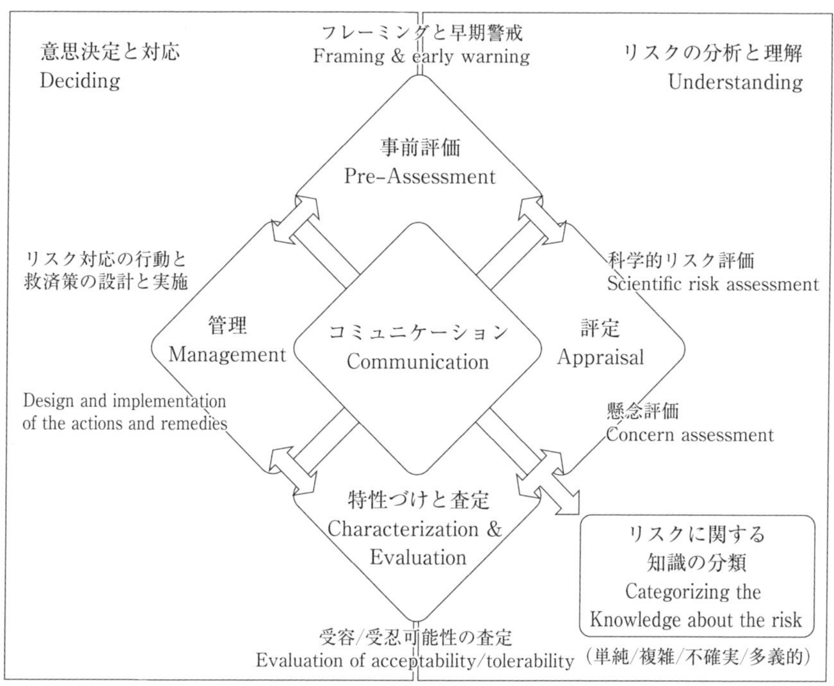

図 15-1　国際リスクガバナンス・カウンシル（IRGC）のリスクガバナンス枠組

境保護運動や消費者保護運動を通じて，比較的早い時期から市民の知る権利や意思決定に参加する権利が広く認められ，市民参加など民主的手続の重要性が強く認識されるようになっていた。

こうした経緯から1990年代末以降，欧米を中心に，リスクに関する意思決定の透明性や説明責任が強く求められ，多様な主体が関与する参加型ガバナンスへの転換が徐々に進められるようになったのである。

実際，現代のリスクガバナンスの考え方には，参加型ガバナンスの特徴がよく表れている。たとえば国際リスクガバナンス・カウンシル（IRGC）が提唱している「リスクガバナンスの枠組（フレームワーク）」

では，コミュニケーションをリスクの事前評価からリスク管理にわたる一連のプロセスのすべてに関わる中核的活動に位置づけている。

（3）IRGC のリスクガバナンスの枠組

IRGC は，リスクガバナンスを「価値観が多様であり権威が分散している状況においてリスクの特定，評価，管理，査定，コミュニケーションを行うこと」と定義している（IRGC, 2012）。

この定義のもとで IRGC が提唱する枠組では，リスクガバナンスのプロセスは図 15-1 のように五つの活動から成っている。それら活動はリスクガバナンスのプロセスの段階でもあるが，常にこの順番通りに一方向的に進むわけではない。行きつ戻りつ，それぞれの活動での再検討がありうると考えるべきである。以下，それぞれどういう活動であるかを，IRGC の 2012 年出版の冊子 “An Introduction to the IRGC Risk Governance Framework” に基づいて，リスクコミュニケーションの関わる側面を中心に示す。

①リスクの事前評価

第一の活動は「リスクの事前評価（pre-assessment）」である。ここでは，リスクの問題について関係者に早期の警戒（early warning）を促し，その問題をどのように定義し，どのように扱うか，問題のフレーミングを多角的に検討する。問題のフレーミングは利害関係者によって異なっている。それぞれの関係者が当該のリスクについてどのようなことを問題にしているか（健康被害，環境影響，社会経済的影響，倫理的問題等々）をテーブルに載せ，それらをどのようにリスク評価やリスク管理で扱うかを検討し調整するのである。また，その問題について誰が利害関係者なのかは最初からすべて分かるわけではないため，利害関係者の特定もこのフレーミングの検討過程で行われる（より本格的には次に述べる「懸念評価」を経て行われる）。

②リスクの評定

第二の活動は「リスクの評定（appraisal）」である。ここでは，「リスクの評価（assessing the risk）」と「リスク問題の分類（categorizing the risk issues）」という２段階から成り，さらに評価は「科学的リスク評価」と社会科学的な「懸念評価」の２種類の評価から成っている。科学的リスク評価は，発生頻度など，リスクの事実的で測定可能な物理的特徴を扱う。これに対して懸念評価（concerns assessment）は，利害関係者，個人や集団，異なる諸文化がハザード（危害要因）やその原因と関連づけている事柄や認識している帰結（便益とリスク）について系統的な分析を行う。リスクは人間にとって単なる物理的なものとしてのみ経験されるわけではなく，リスクに対してどのような態度をとり，どう行動するかには価値判断や感情，あるいは規制機関や事業者の信頼性の判断などが大きく関わっている。そうしたひとびとのリスク認知の複雑なあり様が分析・評価されるのである。科学的リスク評価は，従来から行われているものだが，懸念評価はIRGCの枠組の大きな特徴となっており，かつ，リスクコミュニケーションと直結している。

リスク問題の分類では，リスクに関わる因果関係に関する知識の「不定性」（単純／複雑／不確実／多義的）の分類を行う（第４章参照）。この分類は，どのようなやり方でリスクを管理するか（リスク管理戦略）を設計することや，リスクを扱うプロセスにどんな利害関係者が参加すべきかを計画するのに役立てることができる。

③リスクの特性づけと査定

第三の活動は「リスクの特性づけと査定（characterization and evaluation of risks）」である。ここでは，先の科学的リスク評価と懸念評価に基づいたエビデンスと，リスクと便益について査定する際に関係する，社会的価値，経済的利害関心，政治的考慮を幅広く反映した他のすべての要素についての理解とが結びつけられる。これらをふまえてリスクは，「受容可能（acceptable）」（削減は不要と考えられるリスク），「受忍可能（tolerable）」（便益があるために負うが適切な削減策をとるリスク），「受忍不可能（intolerable）」（避けるべきリスク）に大別される。

④リスク管理

第四の活動は「管理（management）」であり，「リスク管理」と「利害関係者参加の計画・運営」という二つの側面がある。リスク管理では，当該のリスクについて，回避，軽減，保有，移転それぞれの選択肢を実行に移す際に必要な行動や救済策を設計し実施する。さらに実施した施策について，その有効性をモニタリングしたり，必要に応じて，既になされた決定の再検討を行ったりする。

⑤コミュニケーション

最後はコミュニケーションの活動そのものである。IRGCでは，これには，リスク評価者とリスク管理者が，それぞれの仕事や責任について共通理解を醸成するために行う「内的コミュニケーション」と，利害関係者や市民社会がリスクとリスク管理について理解するのを助ける「外部コミュニケーション」があるとしている。さらには，それぞれのアクターにはリスクガバナンスのなかでどのような役割があるかを認識できるようにしたり，双方向的な対話のプロセスを設け，そこで発言してもらうようにしたりすることも重要である。またリスク管理の施策が決定された際には，コミュニケーションは，決定の根拠や関係者の責任を明らかにし，ひとびとが理解に基づいた選択をリスクや管理方法についてできるようにすることに役立つものでなければならない。そのようにコミュニケーションを効果的に行うことは，リスク管理に対する信頼を醸成する鍵となると，IRGC は述べている。

このようにリスクガバナンスは，コミュニケーションの役割を重視した参加型ガバナンスとして行われる。このようなリスクガバナンスの考え方の背景には，第1章で紹介した「システミック・リスク」についての認識もある。そこでも述べたようにこの概念は，リスクが社会的なプロセスに埋め込まれ，他のリスクとの間やそれらの背景要因同士の間に強い相互依存性があるため，それに対処するには，社会的な要因・影響まで含めた包括的な観点からの分析と，政府，産業界，学界，市民社会にまたがる包摂的なガバナンスが求められるからである。

3. 対話・共考・協働―よりよいリスクコミュニケーションにむけて

(1) フレーミングの多義性への対応

本書の第1章では，リスクコミュニケーション概念を構成する本質的に重要な要素を七つあげた。そのうえで，これまでの章で，食品，化学物質，原子力，自然災害，感染症，気候変動，デジタル化といった領域における具体的事例を交えながらリスクコミュニケーションの実際を述べてきた。そこでの実践はいずれも，リスクコミュニケーションの本質に係る七つの要素を含みながら展開されていた。さらにそのありようを俯瞰したとき，あらためて第５章で詳述した「フレーミングの多義性」への対応の重要性がうかがえる。

リスクコミュニケーション，さらにはリスクガバナンスの出発点として，社会として取り組むべき課題や解決すべき問題を設定する段階から，対話・共考・協働のための場が開かれることとなる。そこに多様な主体がデータや意見，価値観を持ち寄るのである。これは，多義的・多様なフレーミングに基づいて議論が行われることと同義である。

そもそも，多様な主体が参加することの意義は何であろうか。その意義としては，以下の三つが指摘されている（Fiorino，1990）。①規範的意義：自らに関することがら（リスクはその典型）について，当事者である自分がその意思決定に参加することは，民主主義社会において保障された権利であり，これを守ることができる。②道具的意義：反対意見をもつひとを含めた多様な立場のひとびとが意思決定に参加していることは，自分たちが話し合って，できるだけ多くのひとが納得できるとして出した決定であるということから，その意思決定に対する信頼を高め，これを受け入れられやすくする。③実質的意義：多様な価値観や考え方，経験や知識をもつひとびとが参加し，その経験知や生活知，あるいは地域知を提供することによって，専門家による科学知だけでは得られない情報や知見を入手できる。

リスクをめぐって似たようなフレーミングをもつひとびとだけで議論を行う場合，議論は楽にスムーズに進むかもしれない。しかしそこで出された結論は，一部のひとにしか納得のいかないものになっている可能性が高い。また，科学的には合理性があったとしても，社会的・規範的にはそうでない可能性もある。多くのフレーミングを持ち込むことは，時間や調整コストがかかるかもしれないが，一つの問題を多角的に議論することを可能とし，ひいてはなるべく多くのひとが納得する結論を導く可能性を高めるのである。

（2）生活者としての視点，個人の視点の尊重

市民をステークホルダーとして行われるリスクコミュニケーションにおいては，生活者の視点をふまえることは重要な留意点となる。リスクに関する専門家は，もっぱら自分が関与する特定の種類のリスクについてコミュニケーションを行いがちである。しかし，個人にとって自らの生活世界ではさまざまなリスクが複雑に絡み合いながら存在している。場面に応じて濃淡はあるにしても，生活者は自分の生活に関わるリスク全体に対応しなければならない。

その状況において，専門家が特定のリスクについて情報を提供し，参加の場を用意したとしても，その情報が過剰であったり，その場に参加する時間的，心理的な負担が大きかったりする場合には，生活者にとってはリスクコミュニケーションが困難となり，ひいてはリスク管理もうまくいかないということになりかねない。

さらには，一度きりの生を生きる個人としての視点も重要である。例えば，あるリスクについて，たとえ発生確率は小さくてもひとたびそれが起これば取り返しのつかない結果をもたらす場合，個人はそのリスクを受け入れ難いととらえ，大きなコストをかけてでもリスクを小さくしてほしいと考えるかもしれない。あるいはまた，あるリスクに対してある対策が提案され，その対策を講じることで，もともとのリスクの発生確率が低減する程度と，対策にかかるコストや，さらには新たに生じる代償リスクの大きさや発生確率とを比較考量して，対策をとる十分な利益があると評価されたとしよう。その場合，社会としてはその対策を選択することが妥当であるように思われる。しかし，その代償リスクが個人の生の継続性に関わる致命的なダメージを与える場合には，たとえそ

の発生確率が小さいとしても，個人はその対応を受け入れ難いと思うだろう。

このように，同一の事象に対しても，社会の視点と個人の視点では見え方，ひいては判断が異なることがある。前者は，社会全体で集合的・統計的にリスクを考え管理する「統治者の視点」，後者は一回きりの人生を生きるなかで実際に被害に遭う可能性のある「当事者の視点」ということができるだろう。そして，これらのどちらが正しいのかは一概には言えない場合もある。リスクコミュニケーションにおいてはこのことに十分に留意したい。

（3）リスクコミュニケーションのさらなる課題—おわりにかえて

社会からの要請も受け，リスクコミュニケーションは学術的にも実務的にも今後さらに発展してゆくだろう。ただし，発展の道程では，いくつかの課題もある。

その一つが，社会的弱者への配慮である。あるリスクについて，すべてのひとが等しい影響を受けるわけではない。社会的に弱い立場にあるひとほど，大きな影響を受けてしまうことがある。また，情報へのアクセス条件の悪いひともいる。また，政策立案するにあたって，アンケート調査や直接的な意見交換を通じてひとびとの意向を把握しようとする際には，意思決定へのアクセスの偏りに注意しなければならない。例えば家族を単位に意向調査をする場合には，家族のなかで年長の男性の意見が優先的に表明され，女性の意見が隠れてしまうというジェンダーバイアスが存在することも多い。社会は多様なひとびとで構成されていることを理解し，社会的弱者を包摂したリスクへの対応が求められる。

二つめに，リスクコミュニケーションが効果的に実施されるために必要なさまざまな人的・組織的な要素からなる社会的環境（エコシステム）を醸成・整備することが大きな課題となる。そのためには，リスクコミュニケーションを支援，促進するファシリテーターの育成も課題である。さらに，個人のリテラシー獲得やリスク判断，各種のリスクコミュニケーション活動を支援する社会的・組織的な取り組みを促し，社会全体としての集合的（collective）なリスクリテラシーの向上と活用を促進することである。そもそもリスク問題に関心がない個人もいるし，また関心があっても必要なリスクリテラシーを習得する機会や時間や情報環境をもたない個人もいる。リスクリテラシーの向上を個人の次元の課題のみに限定してはならない。

最後に，価値をもたらす活動としてリスクコミュニケーションを積極的に考えることも重要である。つまり，リスク問題の解決のための消極的側面しかもたない活動としてではなく，人間や社会にとって望ましいイノベーションを推進するのに役立てることができる営みとしてリスクコミュニケーションをとらえたい。かつてリスク管理も，リスクというネガティヴなものを扱い，イノベーションのブレーキになりかねない消極的な管理過程として見られていた時代があった。しかし今日では，価値創造に積極的に関わるプロセスだと考えられるようになってきた。リスクコミュニケーションに対しても同様の考え方をもつことで，多様な主体の対話・共考・協働は，将来を共に創る営みとして展開されるであろう。

参考文献

平川秀幸（2007）「リスクガバナンス―コミュニケーションの観点から」，城山英明編『科学技術ガバナンス』，東信堂.
宮川公男・山本清編著（2002）『パブリック・ガバナンス―改革と戦略』，日本経済評論社.

IRGC（2012）“An introduction to the IRGC Risk Governance Framework,” International Risk Governance Council.

Fiorino, Daniel J.（1990）Citizen Participation and Environmental Risk：A Survey of Institutional Mechanisms, *Science, Technology, and Human Values*, 15 (2), pp.226-243.

索 引

●配列は五十音順

●さ　行

●た　行

●な　行

●は　行

●ま　行

●や　行

●ら　行

●（欧文）

分担執筆者紹介

（執筆の章順）

平川　秀幸（ひらかわ・ひでゆき）

・執筆章→1・4・5・14・15

1964年　東京都に生まれる
2000年　国際基督教大学大学院比較文化研究科博士後期課程・博士候補資格取得後退学，博士（学術）
現在　大阪大学COデザインセンター教授
専攻　科学技術社会論
主な著書　科学は誰のものか：社会の側から問い直す（日本放送出版協会）
ポスト冷戦時代の科学／技術（共著　岩波書店）
リスクコミュニケーション論（共著　大阪大学出版会）

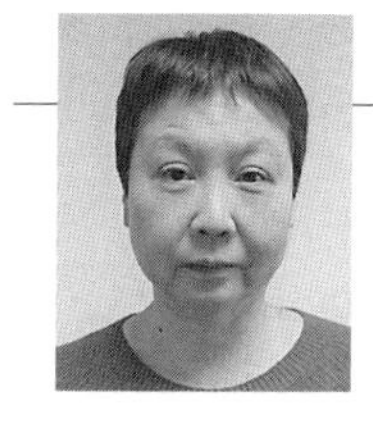

堀口　逸子（ほりぐち・いつこ）

・執筆章→6・11

1962年　長崎県に生まれる
1996年　長崎大学大学院医学研究科博士課程公衆衛生学専攻修了，博士（医学）
2015年より2期6年，食品安全委員会委員（リスクコミュニケーション担当）
現在　順天堂大学医学部公衆衛生学教室助教，長崎大学広報戦略本部准教授を経て，東京理科大学薬学部教授
専攻　公衆衛生学，健康教育学，リスクコミュニケーション
主な著書　公衆衛生看護学テキスト第2巻公衆衛生看護の方法と技術第2版（分担執筆　医歯薬出版）
対象別公衆衛生看護活動（分担執筆　医学書院）
リスク・コミュニケーショントレーニング（分担執筆　ナカニシヤ出版）
新簡明衛生公衆衛生－改訂6版（分担執筆　南山堂）
健康・栄養食品アドバイザリースタッフ・テキストブック（分担執筆　第一出版）
ヘルスプロモーション（分担執筆　ヌーヴェルヒロカワ）

岸本　充生（きしもと・あつお）

・執筆章→7・8・13

1970 年　兵庫県に生まれる
1998 年　京都大学大学院経済学研究科博士後期課程修了，博士（経済学）
現在　工業技術院資源環境技術総合研究所研究員，（独）産業技術総合研究所化学物質リスク管理研究センター主任研究員，同安全科学研究部門研究グループ長，東京大学公共政策大学院特任教授を経て，大阪大学データビリティフロンティア機構教授．社会技術共創研究センター長を兼任
専攻　リスク学，費用便益分析，倫理的・法的・社会的課題（ELSI）
主な著書　汚染とリスクを制御する（共編著　岩波書店）
基準値のからくり（共著　講談社）
環境リスク評価論（共著　大阪大学出版会）

八木　絵香（やぎ・えこう）

・執筆章→9・12

1972 年　宮崎県に生まれる
1997 年　早稲田大学大学院人間科学研究科修了
2005 年　東北大学大学院工学研究科修了，博士（工学）
現在　大阪大学 CO デザインセンター教授
専攻　科学技術社会論，ヒューマンファクター研究
主な著書　対話の場をデザインする―科学技術と社会のあいだをつなぐということ―（大阪大学出版会）
続・対話の場をデザインする―安全な社会を作るために必要なこと―（大阪大学出版会）
ポスト 3.11 の科学と政治（共著　ナカニシヤ出版）

編著者紹介

奈良由美子（なら・ゆみこ）

・執筆章→1・2・3・10・15

1965年　大阪府に生まれる
1996年　奈良女子大学大学院人間文化研究科修了
現在　㈱住友銀行，大阪教育大学助教授等を経て，放送大学教授．博士（学術）
専攻　リスクマネジメント論，リスクコミュニケーション論
主な著書　改訂版 生活リスクマネジメント―安全・安心を実現する主体として（放送大学教育振興会）
コミュニティがつなぐ安全・安心（共著　放送大学教育振興会）
生活知と科学知（共著　放送大学教育振興会）
Resilience and Human History : Multidisciplinary Approaches and Challenges for a Sustanable Future（共著 Springer）
Community in the Digital Age : Philosophy and Practice（共著　Rowman & Littefield）
Social Anxiety : Symptons, Causes, and Techniques（共著 Nova Science Publishers）
Chance Discovery : Foundation and Applications（共著 Springer）

放送大学教材　1519409-1-2311（ラジオ）

リスクコミュニケーションの探究

発　行　　2023年3月20日　第1刷
編著者　　奈良由美子
発行所　　一般財団法人　放送大学教育振興会
〒105-0001　東京都港区虎ノ門1-14-1　郵政福祉琴平ビル
電話　03（3502）2750

市販用は放送大学教材と同じ内容です。定価はカバーに表示してあります。
落丁本・乱丁本はお取り替えいたします。

Printed in Japan　ISBN978-4-595-32397-3　C1336